改訂増補版

イメージでとらえる

【ビジュアル】
複素関数入門

井澤 裕司
Izawa Yuji

プレアデス出版

はじめに

改定増補版の出版にあたって

　本書は，2010年に出版した初版「イメージでとらえるビジュアル複素関数入門」の改訂増補版になります．

　15年前に出版した初版については，複素関数の幾何学的性質をフルカラーの3次元画像で表現するなど，新たな視点による試みを導入することにより，ある意味でユニークな書籍に仕上がったと自負しています．

　しかしながら，著者自身の筆力やいくつかの制限により，その内容については完全に納得のゆくレベルには達しているとは言えず，かねがね加筆・訂正の必要性を感じておりました．

　今回，出版元の麻畑氏から改訂増補版のご提案を頂き，加齢現象による筆力の低下を懸念しつつも，最後の力を絞り切る覚悟でお受けすることにしました．

　本書の執筆に際しては基本構成を大幅に見直し，新たな項目を追加するなどして全12章構成とし，3次元の視点から俯瞰する新たな図面も大幅に拡充しました．

　これから複素関数を学ぼうとされる読者の方々にとって，本書が参考になれば幸いです．

　なお筆者は，技術評論社から信号処理に関する書籍を出版する機会を得ましたが，その中で用いた複素関数に関連する図面や記述に修正を加えた上，本書に盛り込むことを許諾頂きました．ここに，厚く御礼申し上げます．

　最後になりましたが，この改訂増補版を出版する機会を与えて頂いたプレアデス出版の麻畑仁氏に深く感謝いたします．

2025年4月

著者

初版の序文

　回路理論から信号処理，流体力学，量子力学に至るまで，工学・理学の様々な分野で，複素数やこれを変数とする複素関数が活用されています．また，実数の微分・積分を扱う関数論でも，最終的には複素関数の世界に行き着きます．数の歴史を振り返っても，自然数⇒整数⇒有理数⇒実数⇒複素数のようにその概念は発展してきました．しかしながら，数学者が意図的に理論を複雑化しようとした訳ではありません．むしろ著名な先人達が，理論の単純化，一般化を極めた結果，必然的に複素数の体系に到達したといえるでしょう．

　この複素数の世界は単純で美しく，ある意味で驚くべき性質を有しています．また，工学・理学への応用分野も極めて広く，実数で表される振動現象を複素数の回転運動に拡張したり，周波数と減衰率などの2つの物理量を1つの複素数で表すことにより，それらに内在する本質的な性質を，簡潔な数式の形に抽出することが可能となります．

　複素数の基本的な性質を扱う複素関数論は，大学の理工系学部の基礎科目の1つになっています．この複素関数論については，参考文献に挙げるように，充実した内容の書籍が既に数多く刊行されています．

　今回，これまでの書籍と一線を画するある意味でユニークな参考書を目指し，本書を刊行するに至りました．

　従来の複素関数論に関する教科書は，数学の基礎的な知識を有する読者から見ると，論理的に厳密な体系が無駄なく簡潔に記述されており，数学の美しくゆるぎない構造が見事に表現されています．しかし，定理やその証明に多くのページを割いており，はじめて複素関数を学ぼうとする入門者にとっては，とっつき難い印象を受ける傾向があることは否めませんでした．

　本書では，工学における応用面を重視し，数学的な知識を凝縮するのではなく，ある程度基礎的な内容に絞り込むと同時に，読みやすさ，わかりやすさを優先させた文章を用い，複素関数の美しい性質を直観的な図を用いてイ

メージ化することを基本方針としました．

執筆にあたっては，以下のような方針を採用しました．

(1) 文章表現について

読みやすさを優先して，学術論文等で使用される文語体の「である調」をあえて用いず，技術雑誌の解説等に用いられる口語体の「ですます調」を採用しました．

(2) フルカラー印刷の導入

本書では，数学の教科書，参考書では珍しいフルカラー刷りを導入しました．この特長を最大限生かすべく，ビジュアルな図面を多用しています．複素関数では，ガウス平面上における点が同じくガウス平面上の点に写像されます．微分や積分についても同様であり，4次元空間で表すのが理想ですが，現実には紙面上で表現することはできません．そこで，これらを2枚の平面で表し，その間の対応関係をカラーの3次元画像で表現する方法を用いています．図から読み取れる情報量は格段に増えるため，複素関数の幾何学的な構造に関する理解が飛躍的に深まることが期待されます．

(3) 単純な例題による幾何学的な構造のイメージ化

本書では，複素関数の微積分やテイラー展開等を扱います．これらは，従来の実数の知識の延長線上に位置するものですが，単に数式上の拡張操作として捉えるだけでは不十分です．複素関数は，本質的に幾何学的な構造を有しているため，2次元あるいは3次元の画像により，回転や拡大・縮小などの操作を伴う具体的なイメージとして捉えることが可能です．このイメージ化は必ずしも容易な作業ではありませんが，単純な例題等を用いて直観的に理解できるよう工夫を重ねました．

本書の内容については，筆者の筆力やいくつかの制約により，数学書としての厳密性に欠け，不満を感じられる読者もおられるかと思いますが，それらについては，参考図書などにより補っていただければと思います．

　本書が，これから複素関数論を学ぼうとされる方々の理解の一助となり，願わくば，読者が独自に数学的な概念のイメージ化の道を辿るきっかけを作ることができれば，これに勝る喜びはありません．

　最後になりますが，執筆の機会を与えていただいたプレアデス出版の麻畑氏に深く感謝します．

2010 年 9 月
著者
本書を父一雄に捧ぐ

目次

はじめに i

第 1 章 複素数の演算 1
- 1.1 複素数の定義 1
- 1.2 複素平面における表示 2
- 1.3 極形式による表示 3
- 1.4 加減乗除の四則演算 3
  - 1.4.1 加算・乗算における交換法則について 5
- 1.5 オイラーの公式 11
- 1.6 近傍と極限 18
- 1.7 リーマン球面と無限遠点 21
- 1.8 演習問題 22

第 2 章 基本的な複素関数の性質 23
- 2.1 複素関数の表現 23
- 2.2 初等関数 $w = z^2$ 25
- 2.3 初等関数 $w = z^{\frac{1}{2}}$ 29
- 2.4 指数関数 $w = \exp z$ 31
- 2.5 対数関数 $w = \log z$ 32
- 2.6 三角関数 $w = \cos z$, $w = \sin z$ 35
- 2.7 非負の整数ベキ関数 $w = z^n$ 36
- 2.8 負の整数ベキ関数 $w = z^{-n}$ 38
- 2.9 実数 a のベキ関数 $w = z^a$ 40
- 2.10 演習問題 40

第 3 章 複素関数の微分 41
- 3.1 微分の定義 41
- 3.2 コーシー・リーマンの方程式 43

3.3	複素関数の正則性と特異点	48
3.4	演習問題	50

第 4 章 基本的な複素関数の導関数　51
4.1	正則な複素関数	51
4.2	基本的な複素関数の導関数	55
4.3	演習問題	62

第 5 章 等角写像と 2 次元流　63
5.1	正則関数と 2 次元流	63
5.2	演習問題	74

第 6 章 ベキ級数とテイラー展開　75
6.1	関数列の収束	75
6.2	関数項をもつ無限級数の収束	78
6.3	ベキ級数とその性質	79
6.4	テイラー展開	84
6.5	演習問題	96

第 7 章 複素関数の積分　97
7.1	積分経路について	97
7.2	複素積分の定義	100
7.3	複素積分の性質	101

第 8 章 基本的な複素関数の原始関数　107
8.1	原始関数（その 1）	107
8.2	原始関数（その 2）	114
8.3	演習問題	118

第 9 章 コーシーの積分定理　119
9.1	コーシーの積分定理	119
9.2	コーシーの積分公式	124
9.3	平均値の定理	127
9.4	グルサの定理	128

第 10 章　ローラン展開　129

- 10.1　ローラン展開の定義 …………………………………………… 130
- 10.2　**1 位の極を有する有理関数** …………………………………… 135
- 10.3　**2 位以上の極を有する有理関数** ……………………………… 137
  - 10.3.1　2 位の極をもつ有理関数 $\frac{b}{(z-d)^2}$ の $z=a$ を中心とするローラン展開　139
  - 10.3.2　$z=d$ に m 位の極をもつ有理関数 $\frac{b}{(z-d)^m}$ の $z=a$ を中心とするローラン展開 …………………………………………………………………… 142
- 10.4　複数の 1 位の極を有する有理関数 …………………………… 145
- 10.5　m 位の極を含む一般的な有理関数 …………………………… 151
  - 10.5.1　連立方程式による方法 ………………………………… 151
- 10.6　ヘビサイドの展開定理 ………………………………………… 155

第 11 章　留数と留数の定理　159

- 11.1　留数の定義 ……………………………………………………… 159
- 11.2　留数の定理 ……………………………………………………… 161
- 11.3　演習問題 ………………………………………………………… 166

第 12 章　一致の定理と解析接続　167

- 12.1　一致の定理 ……………………………………………………… 167
- 12.2　解析接続 ………………………………………………………… 173
- 12.3　演習問題 ………………………………………………………… 182

演習問題解答　183

あとがき　193

索引　195

第 1 章
複素数の演算

本章では,複素数の加減乗除などの基本的な演算について学習します.

複素数では,2 つの実数のペアを 1 つの数として扱います.この複素数は 2 次元平面上の点や,2 次元ベクトルに対応付けることができますが,2 つの複素数の間に,加減乗除の四則演算を定義することにより,体と呼ばれる数学的構造が生まれます.これにより,加算と減算は 2 次元ベクトルの合成や移動,乗算と除算は 2 次元ベクトルの回転や拡大/縮小等の幾何学的操作を表すことになり,フーリエ・ラプラス変換など,理工学の様々な分野において極めて重要な解析手法への応用を生み出すことになります.

1.1 複素数の定義

複素数 z は,x, y を実数として,

$$z = x + iy$$

のように表されます.ここで,i は**虚数単位**であり,$i^2 = -1$ の関係があります.なお,x を z の**実部**,y を**虚部**と呼び,

$$x = \mathrm{Re}(z), \quad y = \mathrm{Im}(z)$$

のように表現することがあります.

1.2 複素平面における表示

$z = x + iy$ のとき，図 **1-1** のように，z を構成する実数の対 (x, y) を平面上の点に対応させることができます．このとき，x の横軸を**実軸**，y の縦軸を**虚軸**と呼び，この平面を**複素平面**，ガウス (**Gauss**) 平面，z 平面などと表現します．

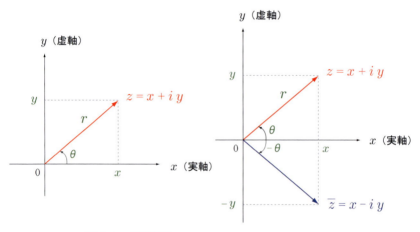

図 **1-1**　複素平面

図 **1-2**　共役複素数 $\bar{z}$

ここで，
$$|z| = \sqrt{x^2 + y^2}$$
を z の**絶対値**といいます．さらに，図 **1-2** に示すように
$$\bar{z} = x - iy$$
を z の**共役複素数**と定義します．このとき，z と $\bar{z}$ の積について，
$$z \cdot \bar{z} = (x + iy)(x - iy) = x^2 + y^2 = |z|^2$$
が成立します．なお，$\cdot$(ドット)は省略することがあります．

1.3 極形式による表示

複素数 z を絶対値と角度を用いて，以下のように表現することがあります．

$$z = r(\cos\theta + i\sin\theta)$$

図 **1-1** に示すように r は，z の絶対値 $\sqrt{x^2+y^2}$ に対応します．

また，$\cos\theta = \frac{x}{\sqrt{x^2+y^2}}$，$\sin\theta = \frac{y}{\sqrt{x^2+y^2}}$ を満たす θ を**偏角 (argument)** といい，$\arg z$ と表現します．

ここで，θ は 2π の整数倍だけシフトさせても上式を満たすので，$0 \leqq \theta < 2\pi$，もしくは $-\pi < \theta \leqq \pi$ の範囲内に制限し，これを**主値** ($\mathrm{Arg}\ z$) と呼ぶことがあります．

このように，絶対値 r と偏角 θ を用いて複素数 z を表す方法を，**極形式表示**といいます．

1.4 加減乗除の四則演算

$z_1 = x_1 + iy_1$，$z_2 = x_2 + iy_2$ のとき，z_1 と z_2 の**加減乗除**を以下のように定義します．なお，除算では $z_2 \neq 0$，すなわち $x_2 \neq 0$ または $y_2 \neq 0$ とします．

加算　　$z_1 + z_2 = (x_1 + x_2) + i(y_1 + y_2)$

減算　　$z_1 - z_2 = (x_1 - x_2) + i(y_1 - y_2)$

乗算　　$z_1\, z_2 = (x_1 + iy_1)(x_2 + iy_2)$
$\qquad\qquad = (x_1 x_2 - y_1 y_2) + i(y_1 x_2 + x_1 y_2)$

除算　　$\dfrac{z_1}{z_2} = \dfrac{x_1 + iy_1}{x_2 + iy_2} = \dfrac{(x_1 + iy_1)(x_2 - iy_2)}{(x_2 + iy_2)(x_2 - iy_2)}$
$\qquad\qquad = \dfrac{(x_1 x_2 + y_1 y_2) + i(x_2 y_1 - x_1 y_2)}{x_2^2 + y_2^2}$

加算と減算を複素平面上のベクトルで表すと，それぞれ**図 1-3**，**図 1-4** のようになります．この**加減算**は，2 つのベクトルの合成や移動量を求める操作に相当し，信号や波動などの**重ね合せの原理**等で重要な役目を果たします．

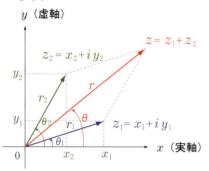

図 1-3　複素数の加算

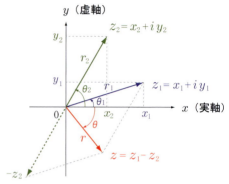

図 1-4　複素数の減算

次に，乗算と除算を複素平面上で表すと，**図 1-5**，**図 1-6** のようになります．

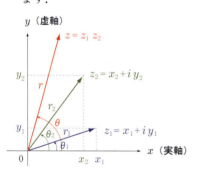

図 1-5　複素数の乗算

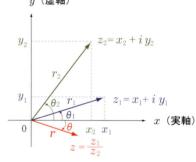

図 1-6　複素数の除算

例えば**乗算**のとき，$z_1 = r_1(\cos\theta_1 + i\sin\theta_1)$, $z_2 = r_2(\cos\theta_2 + i\sin\theta_2)$
$z = r(\cos\theta + i\sin\theta)$ とおくと，

$$z = z_1 z_2 = r_1 r_2 (\cos\theta_1 + i\sin\theta_1)(\cos\theta_2 + i\sin\theta_2)$$

$$= r_1 r_2 \{\cos\theta_1 \cos\theta_2 - \sin\theta_1 \sin\theta_2 + i(\cos\theta_1 \sin\theta_2 + \sin\theta_1 \cos\theta_2)\}$$

$$= r_1 r_2 \{\cos(\theta_1 + \theta_2) + i\sin(\theta_1 + \theta_2)\}$$

より，$r = r_1 r_2$, $\theta = \theta_1 + \theta_2$ の関係が成立します．

一方の**除算**の場合，$r_2 \neq 0$ のとき，

$$z = \frac{z_1}{z_2} = \frac{r_1}{r_2} \frac{\cos\theta_1 + i\sin\theta_1}{\cos\theta_2 + i\sin\theta_2}$$

$$= \frac{r_1}{r_2} \frac{(\cos\theta_1 + i\sin\theta_1)(\cos\theta_2 - i\sin\theta_2)}{(\cos\theta_2 + i\sin\theta_2)(\cos\theta_2 - i\sin\theta_2)}$$

$$= \frac{r_1}{r_2} \frac{\cos\theta_1 \cdot \cos\theta_2 + \sin\theta_1 \cdot \sin\theta_2 + i(\sin\theta_1 \cdot \cos\theta_2 - \cos\theta_1 \cdot \sin\theta_2)}{\cos^2\theta_2 + \sin^2\theta_2}$$

$$= \frac{r_1}{r_2} \{\cos(\theta_1 - \theta_2) + i\sin(\theta_1 - \theta_2)\}$$

より，$r = \frac{r_1}{r_2}$, $\theta = \theta_1 - \theta_2$ の関係が導かれます．

これより，複素数の乗算と除算は，ベクトルで表される信号の**回転**や**拡大・縮小**等の幾何学的な操作を記述していることが分かります．

次章以降では，複素関数におけるいくつかの不思議な性質を紹介しますが，これらを極形式で表したとき，その本質が見えてくる傾向があります．

1.4.1 加算・乗算における交換法則について

先に示した定義式から明らかなように，複素数の加算において，次の**交換法則**が成立します．

$$z_1 + z_2 = z_2 + z_1 = x_1 + x_2 + i\{y_1 + y_2\}$$

すなわち，上式において，添え字の "1" と "2" を入れ替えても，その値は変わりません．同様に，複素数の乗算においても，以下の**交換法則**が成立します．

$$z_1 \cdot z_2 = z_2 \cdot z_1 = x_1 \cdot x_2 - y_1 \cdot y_2 + i\{x_1 \cdot y_2 + x_2 \cdot y_1\}$$

$$= r_1 \cdot r_2 \{\cos(\theta_1 + \theta_2) + i\sin(\theta_1 + \theta_2)\}$$

この場合も，"1" と "2" を交換しても積の値は変わらず可換となり，いわゆる**体**(たい)の構造が生まれることになります．

なお，後ほど複素数の概念を高次元に拡張した 4 元数について紹介しますが，その乗算については交換法則は成立しません．

例題 1　以下の複素数を（実部＋虚部）の形で表しなさい．

(1) $\dfrac{1}{1-i}$　　(2) $\dfrac{3+2i}{2-i}$

(1) $\dfrac{1}{1-i} = \dfrac{1+i}{(1-i)(1+i)} = \dfrac{1+i}{1-i^2} = \dfrac{1+i}{2}$

(2) $\dfrac{3+2i}{2-i} = \dfrac{(3+2i)(2+i)}{(2-i)(2+i)} = \dfrac{4+7i}{4-i^2} = \dfrac{4+7i}{5}$

例題 2　次の複素数の絶対値を求めなさい．

(1) $\left|\dfrac{1-2i}{2+3i}\right|$　　(2) $\left|\dfrac{-1+4i}{3-i}\right|$

(1) $\left|\dfrac{1-2i}{2+3i}\right| = \dfrac{|1-2i|}{|2+3i|} = \dfrac{\sqrt{5}}{\sqrt{13}} = \sqrt{\dfrac{5}{13}}$

(2) $\left|\dfrac{-1+4i}{3-i}\right| = \dfrac{|-1+4i|}{|3-i|} = \dfrac{\sqrt{17}}{\sqrt{10}} = \sqrt{\dfrac{17}{10}}$

例題 3　以下の複素数を極形式表示しなさい．ただし偏角 θ は $-\pi < \theta \leqq \pi$ の主値をとるものとします．

(1) $\sqrt{3}+3i$　　(2) $\dfrac{1}{1+i}$

(1) $\sqrt{3}+3i = \sqrt{3}(1+\sqrt{3}i) = 2\sqrt{3}\left\{\cos\left(\dfrac{\pi}{3}\right) + i\sin\left(\dfrac{\pi}{3}\right)\right\}$

(2) $\dfrac{1}{1+i} = \dfrac{1-i}{(1+i)(1-i)} = \dfrac{1-i}{2}$

$= \dfrac{1}{\sqrt{2}}\left\{\cos\left(-\dfrac{\pi}{4}\right) + i\sin\left(-\dfrac{\pi}{4}\right)\right\}$

[注意] この例題では，実数表現を用いているので $\sqrt{2} = 1.41421\cdots$ となります．詳しくは **2章** で述べますが，複素数を前提とした場合，$2^{\frac{1}{2}} = \pm\sqrt{2} = \pm 1.41421\cdots$ となるので注意が必要です．

i の物理的なイメージについて

次に，$i^2 = -1$ を満たす純虚数 i の物理的なイメージについて考えてみましょう．

$1 \times (-1) = -1$ という式において，-1（マイナス 1）を乗ずる演算は，数直線上の A 点 $(x = +1)$ を B 点 $(x = -1)$ に移す操作と考えられます．

すなわち，図 **1-7** に示すように，大きさを変えずに方向（± の符号）を反転させる操作です．

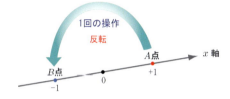

図 **1-7** 反転操作（1 次元）

一方，式の $1 \times i \times i = -1$ で表される操作では，1 という値に i を 2 回乗じています．2 回繰り返すことにより，A 点 $(x = 1)$ を B 点 $(x = -1)$ に移動させる操作とは，どのようなものが考えられるでしょうか？

1 次元ではその答えは見出せませんが，2 次元に拡張すれば可能です．

すなわち，図 **1-8** のように x 軸のみの数直線を，互いに直交する 2 次元の xy 平面に拡張して，i を乗じる処理を，原点を中心とする xy 平面内の $90°$ の回転操作とみなすのです．実は，この拡張した y 軸が虚軸に対応します．

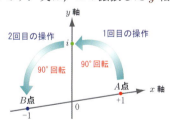

図 **1-8** $90°$ の回転操作（2 次元）

(2×2) の行列の乗算で交換法則が成立する条件とは？

先に述べたように，複素数を z_1, z_2 として，その和と積について

$$z_1 + z_2 = z_2 + z_1 \quad \text{(加算)} \qquad z_1 z_2 = z_2 z_1 \quad \text{(乗算)}$$

のように**交換法則**が成立します．

一方，(2×2) の正方行列を用いて平面内の回転を表すことができますが，乗算の交換法則が必ずしも成立するとは限りません．例えば，(2×2) の正方行列 A, B を実数 a,b,c,d,e,f,g,h を用いて以下のように表します．

$$A = \begin{pmatrix} a & c \\ b & d \end{pmatrix} \qquad B = \begin{pmatrix} e & g \\ f & h \end{pmatrix}$$

このとき以下に示すように，A と B の加算については交換法則が成立します．

$$A + B = \begin{pmatrix} a+e & c+g \\ b+f & d+h \end{pmatrix} = B + A$$

一方，A と B の乗算については，

$$AB = \begin{pmatrix} ae+cf & ag+ch \\ be+df & bg+dh \end{pmatrix} \qquad BA = \begin{pmatrix} ae+bg & ce+dg \\ af+bh & cf+dh \end{pmatrix}$$

となり，一般的な変数 a,b,c,d,e,f,g,h を用いたとき，これらは等しくならないことが分かります．

上で示した AB と BA が等しくなる必要十分条件を求めると長くなるので，ここでは十分条件について検討します．先に示した (2×2) の正方行列の対応する要素について，

$$cf = bg \qquad ag+ch = ce+dg \qquad be+df = af+bh$$

を満たすとき，乗算における交換法則が成立します．ここで，例えば変数の c, d, g, h を a, b, e, f を用いて，

$$c = -b \qquad d = a \qquad g = -f \qquad h = e$$

のように設定すれば，上の条件を満たすことが分かります．このとき，

$$A = \begin{pmatrix} a & -b \\ b & a \end{pmatrix} \qquad B = \begin{pmatrix} e & -f \\ f & e \end{pmatrix}$$

のようになり，それぞれ a, b と e, f の2組の変数を用いて表すことができます．

(2×2) 行列の乗算が簡略化される複素表現

ここでは，複素数を導入することにより，(2×2) 行列の乗算表現が簡略化されることを示します．

上で示した行列の A と B は，それぞれ**回転**や**拡大／縮小**の操作を表しています．例えば，**極形式表示**を用いて，

$$r_1 = \sqrt{a^2 + b^2} \quad r_2 = \sqrt{e^2 + f^2} \quad \theta_1 = \cos^{-1} \frac{a}{r_1} \quad \theta_2 = \cos^{-1} \frac{e}{r_2}$$

とおくと，

$$A = r_1 \begin{pmatrix} \cos\theta_1 & -\sin\theta_1 \\ \sin\theta_1 & \cos\theta_1 \end{pmatrix} \qquad B = r_2 \begin{pmatrix} \cos\theta_2 & -\sin\theta_2 \\ \sin\theta_2 & \cos\theta_2 \end{pmatrix}$$

が導かれます．それらの積は三角関数の加法定理を用いることにより，

$$AB = BA = r_1 r_2 \begin{pmatrix} \cos(\theta_1 + \theta_2) & -\sin(\theta_1 + \theta_2) \\ \sin(\theta_1 + \theta_2) & \cos(\theta_1 + \theta_2) \end{pmatrix}$$

と表され，絶対値が r_1 と r_2 の積，偏角が θ_1 と θ_2 の和になっています．

これより，2つの回転・拡大／縮小の操作について，その順序を入れ替えても同じ結果が導かれ，**交換法則**が成立することが裏付けられました．

上で示した行列表現の場合，対角部には同じ値をもつ cos の項が，非対角部は ± の符号が反転する sin の項が2箇所に現れており，回転や拡大／縮小の操作を表す場合には，本質的に冗長な表現になることが分かります．

2回の操作で符号 (±) が反転する演算は？

2回の操作を繰り返すことにより，マイナス1倍される，すなわち ± の**符号**が**反転**する演算・処理がいくつか存在します．

それらを列挙してみましょう．

(1) 虚数単位 i の乗算

$i^2 = -1$ より，1に i を2回乗ずると，-1 となります．

(2) 複素平面（z 平面）内の 90°の回転操作

図 **1-8** で示したように，**90°の回転**を2回繰り返すと **180°の回転**となり，符号が反転します．

(3) 三角関数 $(\cos\theta, \sin\theta)$ の θ による微分

$$\frac{d\cos\theta}{d\theta} = -\sin\theta, \quad \frac{d\sin\theta}{d\theta} = \cos\theta \text{ より}$$

$$\frac{d^2\cos\theta}{d\theta^2} = -\cos\theta, \quad \frac{d^2\sin\theta}{d\theta^2} = -\sin\theta \text{ となります．}$$

(4) 指数関数 $(e^{i\theta})$ の θ による微分

$$\frac{de^{i\theta}}{d\theta} = ie^{i\theta} \text{ より，} \frac{d^2 e^{i\theta}}{d\theta^2} = i^2 e^{i\theta} = -e^{i\theta} \text{ が成立します．}$$

1回微分する毎に関数の値が i 倍されるので，(1) に等価となります．

なお，4回操作を繰り返せば元の状態に戻ることは明らかです．

ここで，$i = \cos\frac{\pi}{2} + i\sin\frac{\pi}{2}$ の関係式より，i を乗じることは，原点を中心に $\frac{\pi}{2}$，すなわち 90°だけ回転させることに等価です．

これより，**乗算**と**回転操作**，**三角関数**と**指数関数**，それらの**微分操作**が密接に関連していることが分かります．

これらを1つの数式として表現したのが，次に示す**オイラー (Euler) の公式**です．

1.5 オイラーの公式

極形式表示の偏角 θ を用いて，

$$\cos\theta + i\sin\theta = e^{i\theta}$$

が成立し，これを**オイラー (Euler) の公式**と呼びます．
ここで，$\theta = \pi$ を代入すると，次式が得られます．

$$e^{i\pi} = -1$$

以下，このオイラーの公式を導出してみましょう．
z_1 と z_2 の絶対値がともに 1 のとき，それらの積を極形式表示すると，

$$(\cos\theta_1 + i\sin\theta_1)(\cos\theta_2 + i\sin\theta_2) = \cos(\theta_1 + \theta_2) + i\sin(\theta_1 + \theta_2)$$

となります．ここで，$f(\theta) = \cos\theta + i\sin\theta$ とおくと，次式が成立します．

$$f(\theta_1) \cdot f(\theta_2) = f(\theta_1 + \theta_2)$$

すなわち，絶対値が 1 の複素数の積は，変数の偏角については和の形になっています．このような関係を満たす関数は，いわゆる**指数関数**です．
複素数を変数にもつ指数関数の定義は後ほど示しますが，ここでは実数の関数を拡張して考えます．
α, β を複素数の定数として，$f(\theta) = \alpha^{\beta\theta}$ とおき，α と β を求めてみましょう．ここで，先ほど述べた cos と sin の微分が意味を持ちます．
$z = \cos\theta + i\sin\theta$ とおき，これを θ で微分します．

$$\frac{dz}{d\theta} = -\sin\theta + i\cos\theta = iz \qquad \frac{d^2z}{d\theta^2} = -\cos\theta - i\sin\theta = -z$$

z を θ で 1 回微分すると i 倍，2 回微分すると -1(マイナス 1) 倍されることになり，$\alpha = e$(自然対数の底)，$\beta = i$ とおくことにより解決します．
これより，オイラーの公式 $e^{i\theta} = \cos\theta + i\sin\theta$ が導かれました．

指数関数 e^x と $\exp x$ の表現について

指数関数 e^x は，微分によりその性質が規定される特殊な関数です．

表記上は e の x 乗となっていますが，x が整数でない場合，必ずしも適切な表現とはいえません．

例えば，x が実数の有理数の場合，整数 n，自然数 m を用いて，

$$e^x = e^{\frac{n}{m}} = \sqrt[m]{e^n}$$

のように表すことができますが，x が無理数の場合は対応できません．

指数関数 $\exp x$ にはいくつかの定義がありますが，一般には以下の無限級数により表されます．

$$\exp x = 1 + x + \frac{x^2}{2!} + \frac{x^3}{3!} + \frac{x^4}{4!} + \frac{x^5}{5!} + \cdots$$

このとき，

$$\frac{d}{dx}\exp x = 1 + x + \frac{x^2}{2!} + \frac{x^3}{3!} + \frac{x^4}{4!} + \frac{x^5}{5!} + \cdots = \exp x$$

が成立することが分かります．

一般的な無限級数の場合，各項の加算順序を入れ替えると，最終的な収束値が異なることがあるので注意が必要です．しかし，上の $\exp x$ については，各項の絶対値をとった級数が収束する**絶対収束**の条件が成立するので，混同することがない場合は，単に e^x と表すのが一般的です．

なお，$\sin x$, $\cos x$ についてもこの**絶対収束**の条件を満たすので，項の入れ替えが許容され，$e^{ix} = \cos x + i\sin x$ が導かれます．

先ほどのオイラーの公式の説明では，複素変数の指数関数 e^z を無限級数により表現しましたが，後ほど **12 章**で述べる**解析接続**の手法に基づいて，実変数の x を複素数の z に置き換えた以下の式で与えられます．

$$\exp z = e^z = 1 + z + \frac{z^2}{2!} + \frac{z^3}{3!} + \frac{z^4}{4!} + \frac{z^5}{5!} + \cdots$$

その詳細については **4 章**で説明します．

三角関数と指数関数の関係について

一般に，関数 $f(x)$ が ∞ 回微分可能であるとき，$x = a$ を中心として，

$$\sum_{n=0}^{\infty} c_n (x-a)^n$$

という形の**ベキ級数**を定義し，これを**テイラー (Taylor) 級数**と呼びます．ただし，

$$c_n = \frac{1}{n!} \left(\frac{d^n f(x)}{dx^n} \right)_{x=a}$$

とします．この級数は，すべての x において $f(x)$ に一致するとは限りませんが，これらが一致するとき**テイラー展開可能**といいます．

詳しくは **6 章**で説明しますが，例えば，$f(x)$ が指数関数 e^x のときテイラー展開可能であり，

$$\left(\frac{d^n f(x)}{dx^n} \right)_{x=0} = e^0 = 1$$

より，以下に示す式が成立します．

$$e^x = 1 + x + \frac{x^2}{2!} + \frac{x^3}{3!} + \frac{x^4}{4!} + \frac{x^5}{5!} + \cdots$$

三角関数の $\cos x$ と $\sin x$ についても，$x = 0$ を中心にテイラー展開することができ，

$$\cos x = 1 - \frac{x^2}{2!} + \frac{x^4}{4!} - \frac{x^6}{6!} + \cdots$$

$$\sin x = x - \frac{x^3}{3!} + \frac{x^5}{5!} - \frac{x^7}{7!} + \cdots$$

が導かれます．この指数関数は，すべての x について絶対収束するので項別微分が可能となり，次式が成立します．

$$\frac{de^x}{dx} = 1 + x + \frac{x^2}{2!} + \frac{x^3}{3!} + \frac{x^4}{4!} + \cdots = e^x$$

ここで，**12 章**で説明する**解析接続**という考え方に基づき，e^x の実数 x を複素数 z に拡張することにより，

$$e^z = 1 + z + \frac{z^2}{2!} + \frac{z^3}{3!} + \frac{z^4}{4!} + \frac{z^5}{5!} + \cdots$$

のように定義します．この指数関数は，すべての z について絶対収束し，無限遠点を除く z 平面全体で正則となるので項別微分が可能です．ここで，$z = ix$ とおくと，以下のようにオイラーの公式が導かれます．

$$e^{ix} = 1 + ix - \frac{x^2}{2!} - i\frac{x^3}{3!} + \frac{x^4}{4!} + i\frac{x^5}{5!} - \frac{x^6}{6!} + \cdots$$
$$= \left\{1 - \frac{x^2}{2!} + \frac{x^4}{4!} - \frac{x^6}{6!} + \cdots\right\} + i\left\{x - \frac{x^3}{3!} + \frac{x^5}{5!} - \frac{x^7}{7!} + \cdots\right\}$$
$$= \cos x + i \sin x$$

2 次元の複素数を高次元に拡張した 4 元数について

ここでは，コンピュータグラフィックス (CG) の分野において，3 次元空間における回転操作等を簡潔に表現する手法として，広く用いられている **4 元数**について簡単に紹介します．

先に述べたように，複素平面における $\frac{\pi}{2}$ の回転は虚数単位 i により表されますが，これを 4 次元空間へと拡張すると，高名な数学者ハミルトンにより見出された **4 元数**が導かれます．このとき，上で示した虚数単位の i に新たに j と k が加わることになり，これらの間には以下の関係が成立します．

$$i^2 = j^2 = k^2 = -1 \quad ij = -ji = k \quad jk = -kj = i \quad ki = -ik = j$$

4 次元空間において，4 つの座標軸のうち 2 つの座標軸で定まる平面が 2 組存在しますが，4 元数はそれらの平面内における $\frac{\pi}{2}$ の回転操作のペアとみなすことができます．

以下，これらの性質を行列表現を用いて整理してみましょう．

その準備として，2 次元の複素数における虚数単位 i について復習します．

1.5 オイラーの公式

前節で示した 2 次元の回転行列 A, B において，$r_1 = r_2 = 1$, $\theta_1 = 0$, $\theta_2 = \frac{\pi}{2}$ とした行列をそれぞれ E_2, I_2 とします．

$$E_2 = \begin{pmatrix} \cos 0 & -\sin 0 \\ \sin 0 & \cos 0 \end{pmatrix} = \begin{pmatrix} 1 & 0 \\ 0 & 1 \end{pmatrix} \quad I_2 = \begin{pmatrix} \cos \frac{\pi}{2} & -\sin \frac{\pi}{2} \\ \sin \frac{\pi}{2} & \cos \frac{\pi}{2} \end{pmatrix} = \begin{pmatrix} 0 & -1 \\ 1 & 0 \end{pmatrix}$$

ここで E_2 は (2×2) の単位行列であり，実数の 1 に対応します．

一方，I_2 については $I_2 \cdot I_2 = -E_2$ の関係が成立し，虚数単位の i に対応することが分かります．なお，行列 E_2 と I_2 の乗算（積）を整理すると表 1-1 のようになり，これを**乗積表**と称します．

表 1-1　複素数を表す (2×2) の行列 E_2, I_2 に関する乗積表

左＼右	E_2	I_2
E_2	E_2	I_2
I_2	I_2	$-E_2$

ここで，複素平面上の点の座標を (x,y) とすると，次式が成立します．

$$\begin{pmatrix} x \\ 0 \end{pmatrix} = \begin{pmatrix} 1 & 0 \\ 0 & 1 \end{pmatrix} \begin{pmatrix} x \\ 0 \end{pmatrix} \qquad \begin{pmatrix} 0 \\ y \end{pmatrix} = \begin{pmatrix} 0 & -1 \\ 1 & 0 \end{pmatrix} \begin{pmatrix} y \\ 0 \end{pmatrix}$$

なお，右側の式では実軸上の点 $(y,0)$ を $\frac{\pi}{2}$ 回転させ，虚軸上の点 $(0,y)$ に移動しています．次に，これらの 2 式を加算すると次のようになります．

$$\begin{pmatrix} x \\ y \end{pmatrix} = \begin{pmatrix} x \\ 0 \end{pmatrix} + \begin{pmatrix} 0 \\ y \end{pmatrix} = \begin{pmatrix} 1 & 0 \\ 0 & 1 \end{pmatrix} \begin{pmatrix} x \\ 0 \end{pmatrix} + \begin{pmatrix} 0 & -1 \\ 1 & 0 \end{pmatrix} \begin{pmatrix} y \\ 0 \end{pmatrix}$$

次に，ベクトルの $\boldsymbol{x}$, $\boldsymbol{y}$, $\boldsymbol{z}$ を以下のように定義します．

$$\boldsymbol{x} = \begin{pmatrix} x \\ 0 \end{pmatrix} \qquad \boldsymbol{y} = \begin{pmatrix} y \\ 0 \end{pmatrix} \qquad \boldsymbol{z} = \begin{pmatrix} x \\ y \end{pmatrix}$$

このとき，上式は次のようになります．

$$\boldsymbol{z} = E_2 \boldsymbol{x} + I_2 \boldsymbol{y}$$

ここで，$\boldsymbol{z} \to z$, $\boldsymbol{x} \to x$, $\boldsymbol{y} \to y$, $E_2 \to 1$, $I_2 \to i$ のように 2 次元の行列やベクトル表現を，1 次元のスカラーに落とし込むことにより，z を複素数として $z = x + iy$ のように表すことができます．

このように，行列やベクトルの項の半分が 0 で埋まり，ある意味冗長な表現になりますが，複素数の導入により簡略化されることが分かります．

なお，x, y を実数として，以下の関係が成立します．

$$E_2 x + I_2 y = x E_2 + y I_2 = \begin{pmatrix} x & -y \\ y & x \end{pmatrix}$$

次に，行列 I_2 の非対角項にある ± 1 と，$\frac{\pi}{2}$ の回転の関係について補足します．2次元ベクトル z の左から I_2 を乗じると以下のようになります．

$$I_2\, z = \begin{pmatrix} 0 & -1 \\ 1 & 0 \end{pmatrix} \begin{pmatrix} x \\ y \end{pmatrix} = \begin{pmatrix} -y \\ x \end{pmatrix}$$

このように回転行列の I_2 を乗じることにより，1行目の x は2行目の x すなわち y 軸に，2行目の y は1行目の $-y$ すなわち $-x$ 軸に移り，x 軸 $\to y$ 軸，y 軸 $\to -x$ 軸のように反時計方向に $\frac{\pi}{2}$ 回転します．

ここで，I_2 の -1 を 1 に置き換えると，点 (x, y) を (y, x) に写像する置換となり，$y = x$ の直線について折り返した鏡映の関係になります．

すなわち，$\frac{\pi}{2}$ の回転操作を行うためには2つの直交軸を交換し，一方に $-$（マイナス）の符号を付加する必要があることが分かります．

先ほど述べたように，4次元空間では互いに直交する2つの座標軸で定まる平面が2組存在しますが，4元数では，直交群における対称性を保存するため，幾何学的に対称な関係にある2つの平面内における $\frac{\pi}{2}$ の回転操作のペアとして定義する必要があります．

例えば，以下に示す (4×4) の行列 E_4, J_4, K_4 は，それぞれ平面 (1-2) と平面 (3-4)，平面 (1-3) と平面 (2-4)，そして平面 (1-4) と平面 (2-3) における $\frac{\pi}{2}$ の回転のペアを表しています．

$$E_4 = \begin{pmatrix} 1 & 0 & 0 & 0 \\ 0 & 1 & 0 & 0 \\ 0 & 0 & 1 & 0 \\ 0 & 0 & 0 & 1 \end{pmatrix} \quad I_4 = \begin{pmatrix} 0 & -1 & 0 & 0 \\ 1 & 0 & 0 & 0 \\ 0 & 0 & 0 & -1 \\ 0 & 0 & 1 & 0 \end{pmatrix}$$

$$J_4 = \begin{pmatrix} 0 & 0 & -1 & 0 \\ 0 & 0 & 0 & 1 \\ 1 & 0 & 0 & 0 \\ 0 & -1 & 0 & 0 \end{pmatrix} \quad K_4 = \begin{pmatrix} 0 & 0 & 0 & -1 \\ 0 & 0 & -1 & 0 \\ 0 & 1 & 0 & 0 \\ 1 & 0 & 0 & 0 \end{pmatrix}$$

なお，行列の2行と3行，2列と3列の間にある中心点について，E_4 と J_4 は偶対称，I_4, K_4 は $\pm$ の符号が反転する奇対称になっています．

1.5 オイラーの公式

ここで，4種類の行列の積について，次の関係が成立します．

$$I_4 I_4 = J_4 J_4 = K_4 K_4 = -E_4$$

$$I_4 J_4 = -J_4 I_4 = K_4 \qquad J_4 K_4 = -K_4 J_4 = I_4 \qquad K_4 I_4 = -I_4 K_4 = J_4$$

すなわち，先に示した虚数単位 i, j, k を用いた表現と同形になっており，これらは**表 1-2** に示す**乗積表**により表すことができます．

表 1-2 4次元空間の対称性のある回転行列 E_4, I_4, J_4, K_4 に関する乗積表

左＼右	E_4	I_4	J_4	K_4
E_4	E_4	I_4	J_4	K_4
I_4	I_4	$-E_4$	K_4	$-J_4$
J_4	J_4	$-K_4$	$-E_4$	I_4
K_4	K_4	J_4	$-I_4$	$-E_4$

このように **4 元数**の場合は，複素数と異なり，乗算の順番を入れ替えると $\pm$ の符号が反転し非可換となるので，いわゆる体の構造は成立しない点に注意が必要です．

さらに，4次元ベクトルの構成要素となる実数 x, y, z, q について，

$$E_4 x + I_4 y + J_4 z + K_4 q = x E_4 + y I_4 + z J_4 + q K_4 = \begin{pmatrix} x & -y & -z & -q \\ y & x & -q & z \\ z & q & x & -y \\ q & -z & y & x \end{pmatrix}$$

の関係が成立し，2次元の場合と同様冗長な表現になっています．

なお，上式の (4×4) の行列を4つの (2×2) の部分行列に分割すると，左上と右下の対角成分が等しく，右上と左下の非対角成分は $\pm$ の符号が反転しており，(2×2) 行列の構造をそのまま受け継いだ形になっています．

一方，上式を 4 元数を用いて表すと，$E_4 \Rightarrow 1$, $I_4 \Rightarrow i$, $J_4 \Rightarrow j$, $K_4 \Rightarrow k$ のように置き換えられ，

$$1 \cdot x + iy + jz + kq = x + iy + jz + kq$$

のように，簡潔な表現になっています．

なお，3次元空間における回転の場合，表 **1-1** や表 **1-2** に示した乗積表を生成することはできません．例えば，表 **1-2** における最後の回転 K_4 を無視して，残る3次元の成分（行もしくは列）のみを取り出しても，その表中には K_4 の項が現れてしまいます．これより，数学的に有用な **3元数** というものは存在しないことが分かります．

さらに，この **4元数** を拡張することにより，**8元数** を定義することができますが，4元数では成立する分配・結合則が成り立たないことが知られています．なお，8元数は2次元の行列では表すことはできず，3次元テンソルが必要になります．

1.6 近傍と極限

複素数の微分や積分を論ずるとき，極限や関数の連続性などの基礎的な用語が出てきます．本節では，それらを整理しておきます．

図 **1-9** に，近傍の概念を示します．

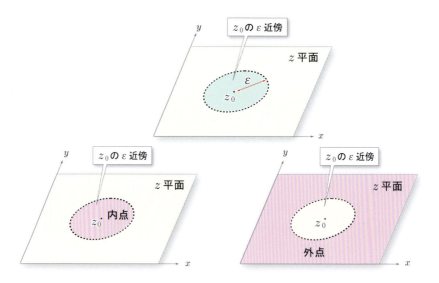

図 **1-9** 近傍の概念

z 平面上の点 z_0 について，ε を正の実数として，$|z - z_0| < \varepsilon$ を満たす点 z の集合は，z_0 を中心とする半径 ε の円の内部を表しており，これを，z_0 の **ε 近傍**，あるいは単に z_0 **の近傍**と呼びます．なお，境界は含まないことに注意が必要です．

ある集合 D 内の任意の点 z について，ε の値を限りなく小さくした極限において，D に含まれる z の近傍が存在するとき，z を**内点**，D を**開集合**と呼びます．同様に z の近傍について，D の点を 1 つも含まないとき，D の**外点**と呼びます．また，D の内点でも外点でもない点を D の**境界点**といい，D の境界点の全体を**境界**と定義します．

集合 D に属する任意の 2 点を D 内の連続曲線で結べるとき，D は**連結している**といい，連結する開集合を**開領域**，あるいは単に**領域**と呼びます．

すなわち**領域**には，**境界**が含まれないことに注意が必要です．

次に，**図 1-10** を用いて，極限と連続性について整理しましょう．

はじめに，**極限**から説明します．

z を z_0 に限りなく近づけたとき，$f(z)$ も限りなく α に近づく場合，

$$\lim_{z \to z_0} f(z) = \alpha$$

のように表します．なお，z や z_0 は z 平面上にあり，様々な方向から近づくことができる点に注意が必要です．

上の式を，$\varepsilon - \delta$ 論法を使って定義すると，任意の正の実数 ε について，

$$|z - z_0| < \delta \quad \text{なら} \quad |f(z) - \alpha| < \varepsilon$$

を満たす正の実数 δ が存在することを示します．

このイメージを図を用いて解釈するならば，図の下の半径 ε をどんなに小さな値にしても，上の半径 δ をそれ以上に小さな値に設定することにより，w 平面の青色で示す ε 近傍の内側に，z 平面の δ 近傍を写像したピンクの領域を収めることができることを表しています．すなわち，主導権をもつのは ε であり，それに応じて適切な δ が定まります．例えば，図の左に示すように，ある $\varepsilon_1 > 0$ に対応する青色の領域に対し，適切な $\delta_1 > 0$ を設定することにより，ピンクの領域をその内側に収められたとします．

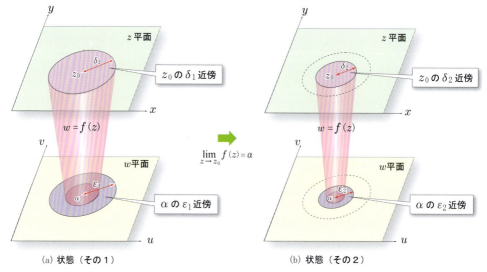

図 1-10 $\varepsilon - \delta$ 近傍による極限の概念

　ここで図の右のように,上記の包含関係にとらわれないより小さな $\varepsilon_2 > 0$ を選んだとしても,新たな $\delta_2 > 0$ を設定することにより,それらの包含関係を成立させることが可能であれば,これらの手順を繰り返すことにより,2つの半径 ε,δ を同時に 0 に向かって収れんさせることが可能です.
　このようにして,

$$\lim_{z \to z_0} f(z) = f(z_0)$$

すなわち,

$$|z - z_0| < \delta \quad \text{なら} \quad |f(z) - f(z_0)| < \varepsilon$$

が成立するとき,関数 $f(z)$ は $z = z_0$ において**連続**であると定義します.

1.7 リーマン球面と無限遠点

実数の場合，無限 ∞ には 2 種類存在します．すなわち，実数 x の値が正の場合は $+\infty$ あるいは ∞，負の場合は $-\infty$ となります．

複素数 z の場合，その絶対値 $|z|$ が限りなく大きくなることを単に ∞ と定義します．このとき，z の偏角の値は問いません．すなわち，z 平面では原点との距離が ∞ となることであり，遠ざかる方向は自由です．

これは，どのように解釈すればよいのでしょうか？

次の図 **1-11** に示すように，z 平面上にある半径 $1/2$ の球体を**リーマン (Riemann) 球面**といいます．南極にあたる点 S は原点に一致しており，北極に相当する点 N と，z 平面上の点 P を結ぶ直線が球体の表面の点 Q を通るものとします．

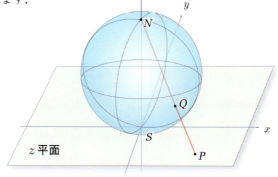

図 **1-11** リーマン球面と無限遠点

これは立体射影により，z 平面上の点 P をリーマン球面上の点 Q に対応付ける操作であり，点 P が原点から遠ざかると，その方向によらず点 Q は N に近付いていきます．例えば，複素関数 $w = \frac{1}{z}$ において，$z \to 0$ のとき，$w \to \infty$ となり，これを有限な点と同じように**無限遠点**と定義することにより，z 平面と w 平面を 1 対 1 に対応させることが可能です．

このような操作は，後ほど **6 章**で述べる極と零点の対応関係を入れ替えるときに用いる一種の写像とみなすことができます．

1.8 演習問題

1-1 次の複素数を，$x+iy$ の形で表現しなさい．

(1) $\dfrac{i}{1-i}$

(2) $\dfrac{5-i}{(1-i)(3+2i)}i$

(3) $1+\dfrac{(3+i)(1-3i)}{1+2i}$

(4) $\dfrac{3+i}{1+2i}+\dfrac{1-3i}{3-i}$

1-2 次の複素数を，極形式形式で表しなさい．ただし，偏角 θ は $-\pi<\theta\leqq\pi$ の主値をとるものとします．

(1) $\dfrac{1-3i}{2-i}i$

(2) $\dfrac{2+i}{1+3i}$

(3) $\dfrac{1-\sqrt{3}i}{\sqrt{3}+i}$

(4) $\dfrac{i}{1-\sqrt{3}i}$

1-3 整数を n として，$(\cos\theta+i\sin\theta)^n=\cos(n\theta)+i\sin(n\theta)$ が成立し，これをド・モアブル (de Moivre) の公式と呼びます．この式が正しいことを証明しなさい．

第2章
基本的な複素関数の性質

　本章では，基本的な複素関数 $w = F(z)$ をいくつか選び，その性質について検討します．ここでは，複素変数 $z = x + iy$ から複素関数 $w = u + iv$ への写像を明示的に表すため，2次元平面間の対応関係をカラーの3次元画像により表現しています．これらの複素関数の性質を，実数の関数と対比させながら，その違いが具体的にイメージできるよう理解を深めて下さい．

2.1　複素関数の表現

　複素関数とは，$z = x + iy$ から $w = u + iv$ への**写像** $w = F(z)$ と考えられます．実数の関数 $y = f(x)$ が，2次元の xy 平面で表すことができるのに対し，$F(z)$ を表すのに4次元空間が必要になります．

　このため，具体的な複素関数の形状を図示する場合は，特別な工夫が必要となりますが，主に以下に示す2つの方法が用いられます．

(1) 図 **2-1** に示すように，w を実部 u と虚部 v に分け，z に対応するそれぞれの値を，2枚の3次元画像で表す．
(2) 図 **2-2** のように，z と w をそれぞれ2次元の平面で表し，z 上の点 z_0 が写像される w 上の点 $F(z_0)$ との対応関係を別途記述する．

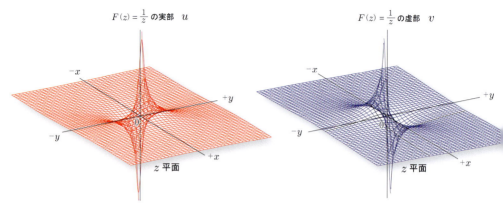

図 **2-1** 複素関数 $F(z) = \frac{1}{z}$ の表現 (1)

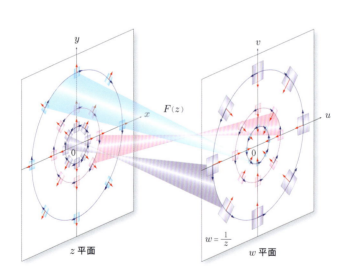

図 **2-2** 複素関数 $F(z) = \frac{1}{z}$ の表現 (2)

2.2　初等関数 $w = z^2$

複素関数 $w = z^2$ の性質について整理してみましょう．
例えば $z = x + iy$ とおくと，

$$w = z^2 = (x + iy)^2 = x^2 - y^2 + i2xy$$

となり，$w = u + iv$ とすると，次式が導かれます．

$$x^2 - y^2 = u \quad 2xy = v$$

これより，w 平面上で実軸に平行な直線 $v = a$ は，z 平面で $2xy = a$ の双曲線に，虚軸に平行な直線 $u = b$ は，z 平面で $x^2 - y^2 = b$ の双曲線に対応することが分かります．

これらの関係を図示すると，**図 2-3** のようになります．

z 平面の半分が w 平面の全面に対応しており，z 平面の 2 種類の双曲線は原点を除く全ての交点で互いに直角に交差しています．

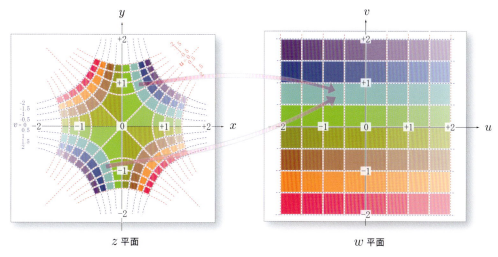

図 **2-3**　複素関数 $w = z^2$ の写像 (1)

次に $u = x^2 - y^2$, $v = 2xy$ より，y を消去すると，$u = x^2 - \frac{v^2}{4x^2}$ が得られます．また，x を消去すると，$u = -y^2 + \frac{v^2}{4y^2}$ となります．

すなわち，z 平面上で実軸に平行な直線 $y = a$ は，w 平面で $u = \frac{v^2}{4a^2} - a^2$ の放物線に，虚軸に平行な直線 $x = b$ は，w 平面で $u = -\frac{v^2}{4b^2} + b^2$ の放物線に対応しています．

これらの関係を図示すると，**図 2-4** が得られます．先の例と同じく w 平面の 2 種類の放物線が，原点を除く全ての交点で直角に交わっています．

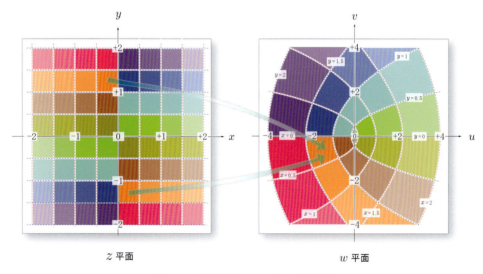

図 **2-4**　複素関数 $w = z^2$ の写像 (2)

一方，z を極形式で表すと $z = re^{i\theta} = r\{\cos\theta + i\sin\theta\}$ となるので，これを $w = z^2$ に代入すると，次のようになります．

$$w = z^2 = r^2 e^{2i\theta} = r^2\{\cos 2\theta + i\sin 2\theta\}$$

z 平面から w 平面への写像を図示すると，**図 2-5** のようになります．

z 平面上の円の上半分と下半分が，それぞれ w 平面の完全な円に対応しています．

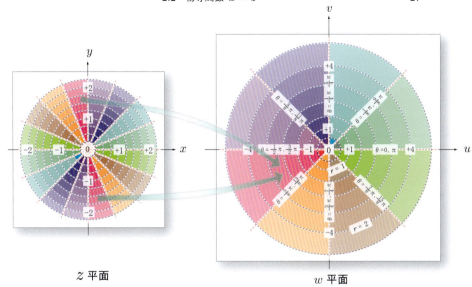

図 **2-5** 複素関数 $w = z^2$ の写像 (3)

すなわち，z 平面上の点が，例えば $(1+0i)$ から原点を中心に正の方向に1周すると，これに対応する w 平面上の点は正の方向に2周することが分かります．

最後に，$z = x + iy$ に対応する $w = z^2$ の実部 u と虚部 v の関係を，それぞれ3次元表示すると，図 **2-6** のようになります．

ここで，$w = z^2 = x^2 - y^2 + 2ixy$ より，実部は $u = x^2 - y^2$，虚部は $v = 2xy$ となり，その等高線はいずれも双曲線になります．なお，実部の x 軸上における値は $u = x^2$ となり，赤色で示す放物線で表されます．

さらに，これらを (r, θ) の極形式で表すと，$w = r^2\{\cos 2\theta + i \sin 2\theta\}$ となり，三角関数の性質から

$$\sin 2\theta = \cos\left(\frac{\pi}{2} - 2\theta\right) = \cos\left(2\theta - \frac{\pi}{2}\right) = \cos\left\{2\left(\theta - \frac{\pi}{4}\right)\right\}$$

が成立するので，図の上の実部 u を原点を中心に $\frac{\pi}{4}$ だけ正の反時計方向に回転させると，下の虚部 v の形状に一致することが分かります．

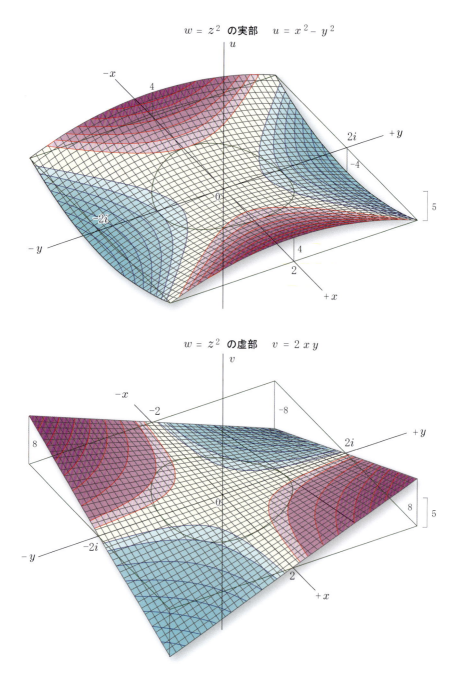

図 **2-6** 複素関数 $w=u+iv=z^2$ の実部 u と虚部 v の3次元形状

2.3 初等関数 $w = z^{\frac{1}{2}}$

ここでは，複素関数 $w = z^{\frac{1}{2}}$ の写像について検討します．この式の両辺を 2 乗すると $z = w^2$ となり，前節の w と z を入れ替えた式，すなわち逆関数となっています．このように，$w = z^{\frac{1}{2}}$ は 1 つの z に対応する w が 2 つ存在することになり，**多価関数**となります．

z を極形式を用いて，$z = re^{i\theta} = r\{\cos\theta + i\sin\theta\}$ で表すとき，w は，

$$w = z^{\frac{1}{2}} = r^{\frac{1}{2}}\left(\cos\frac{\theta}{2} + i\sin\frac{\theta}{2}\right)$$

および，

$$w = z^{\frac{1}{2}} = r^{\frac{1}{2}}\left\{\cos\left(\frac{\theta}{2} + \pi\right) + i\sin\left(\frac{\theta}{2} + \pi\right)\right\}$$

のように表されます．これを図示すると，**図 2-7** のようになります．

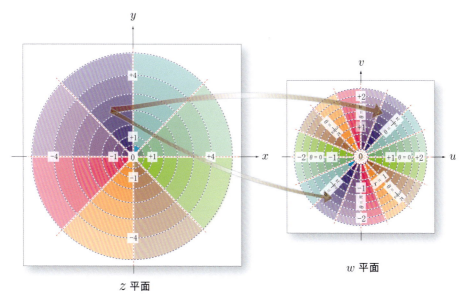

図 2-7　複素関数 $w = z^{\frac{1}{2}}$ の写像

z 平面の円は，w 平面の上の半円と下の半円に対応しています．すなわち，z 平面上の点が，例えば $(1+0i)$ から原点を中心に正方向に 1 周すると，これに対応する w 平面上の 2 つの点は，正方向にそれぞれ半周することが分かります．

このような多価関数は扱いが煩雑となるため，これを解決する手法として，図 2-8 に示すような**リーマン (Riemann) 面**が考え出されました．

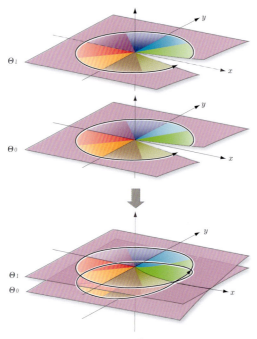

図 2-8 複素関数 $w = z^{\frac{1}{2}}$ におけるリーマン面

これは 2 枚の z 平面を実軸の $x > 0$ の部分で接合したものであり，下面 Θ_0 は w 平面の上半分，上面 Θ_1 は下半分に対応しています．このリーマン面上の点が原点を中心に周回し，実軸の $x > 0$ の部分を通り過ぎるとき，Θ_0 上にあれば次は Θ_1，Θ_1 上にあれば次は Θ_0 に移り換わります．

すなわち，リーマン面上の点が原点中心に 2 周すると，これに対応する w 上の点は 1 周することになります．このようにして，w 平面とリーマン面を 1 対 1 に対応させることが可能となります．

2.4 指数関数 $w = \exp z$

$z = x + iy$ のとき,
$$w = \exp z = e^{x+iy} = e^x \cdot e^{iy} = e^x \{\cos y + i \sin y\}$$
で表される $\exp z$ を**指数関数**と定義します.これを簡単に e^z と記述することがありますが,厳密には e の z 乗ではないので,注意が必要です.

z と w の関係を図示すると,**図 2-9** のようになります.これより,z 平面の虚軸に平行な直線群は,w 平面上の円群に対応し,z 平面の実軸に平行な直線群は,w 平面上の原点を通る直線群に対応することが分かります.

n を整数として,z 上の点を虚軸の方向に $\pm 2n\pi$ シフトさせた点は無限に存在しますが,これらはすべて w 平面上の 1 つの点に対応しています.

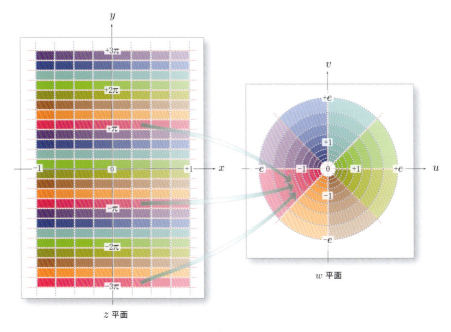

図 **2-9** 複素関数 $w = \exp z$ の写像

2.5 対数関数 $w = \log z$

$z \neq 0$ のとき，$e^w = z$ を満たす w を，

$$w = \log z$$

のように記述し，これを**対数関数**と呼びます．この対数関数は，前節で示した指数関数の逆関数であり，z と w を交換した形になっています．

図 **2-10** に示すように，1 つの z に対応する w は無数に存在し，**無限多価関数**となることに注意が必要です．

ここで，定義より $z = e^{\log z}$ が成立します．

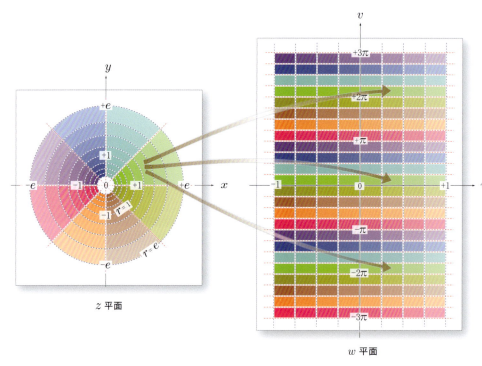

図 **2-10** 複素関数 $w = \log z$ の写像

また，整数 n として，
$$\log e^z = z + 2n\pi i$$
となり，$n=0$ のとき $z = \log e^z$ となりますが，一般の n の場合は成立しないので注意が必要です．

無限多価関数の問題を解決するため，**図 2-11** に示すような**リーマン面**を導入します．**図 2-8** のリーマン面は 2 枚でしたが，この場合螺旋を描くように上下方向に無限に拡張されています．このように，z 平面をリーマン面に拡張することにより，w 平面と 1 対 1 に対応させることが可能となります．

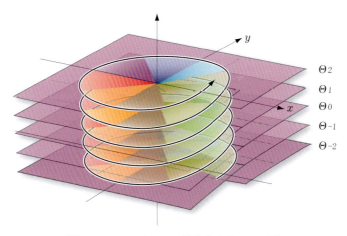

図 **2-11** $w = \log z$ に対応するリーマン面

$f(x) = x^2 + 1$ と $g(z) = z^2 + 1$ の関係は？

ここで，実関数 $f(x) = x^2 + 1$ と，これを複素数の領域に拡張して得られる関数 $g(z) = z^2 + 1$ の関係について，**図 2-12** を用いて調べてみましょう．実関数の $f(x) = x^2 + 1$ は下に凸の放物線であり，x 軸と交わることはありません．すなわち，$f(x) = x^2 + 1 = 0$ を満たす実数の解 x は存在しませんが，これを複素数に拡張した $g(z) = 0$ は $z = \pm i$ という解をもちます．これは，どのように理解すればよいのでしょうか？

変数 z が図 (a) に示す z 平面の単位円上を正の反時計方向に1周するとき、これに対応する関数 $w = g(z)$ は、図 (b) のように $w = 1$ を中心とする半径1の円周上を2周します.

z が $\frac{\pi}{2}$、あるいは $\frac{3\pi}{2}$ 回転して $\pm i$ に達したとき、$w = g(z)$ は原点 $w = 0$ に到達し、$g(\pm i) = (\pm i)^2 + 1 = 0$ が成立することが分かります.

このとき、実関数の放物線らしきものは見当たりません.

しかし、図 (a) の赤い線で示すように、変数 z が z 平面の実軸上を $-\infty$ から ∞ に向かって移動するとき、これに対応する $g(z)$ は、w 平面の実軸上を図 (b) の青線のように移動しています. すなわち、∞ から原点方向に移動しますが $u = 1$ で折り返し、再び ∞ の方向に戻ってしまいます.

ここで図 (c) のように、w 平面の v 軸が z 平面の x 軸に重なるようにすると、$x - u$ 平面上に放物線 $u = x^2 + 1$ が現れます.

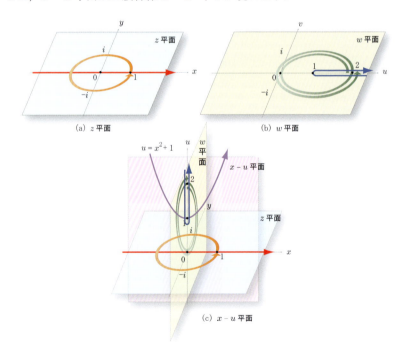

図 **2-12**　$f(x) = x^2 + 1$ と $g(z) = z^2 + 1$

2.6 三角関数 $w = \cos z$, $w = \sin z$

ここでは，複素の三角関数 $w = \cos z$，および $w = \sin z$ の定義を示します．

前章のオイラーの公式の項で示したように，実関数の三角関数 $\cos x$ は次のように表されます．

$$\cos x = \frac{e^{ix} + e^{-ix}}{2} = 1 - \frac{1}{2!}x^2 + \frac{1}{4!}x^4 - \frac{1}{6!}x^6 + \cdots$$

なお，上式の右にテイラー展開によるベキ級数表現を示しています．

ここで，変数の x は実数ですが，後ほど **12 章**で示す**解析接続**という考え方に沿って，この x を複素数 $z = x + iy$ に拡張します．すなわち，

$$\cos z = \frac{e^{iz} + e^{-iz}}{2} = 1 - \frac{1}{2!}z^2 + \frac{1}{4!}z^4 - \frac{1}{6!}z^6 + \cdots$$

のように，複素の三角関数 $\cos z$ を定義します．

同様にして，複素の三角関数 $\sin z$ は以下のように定義されます．

$$\sin z = \frac{e^{iz} - e^{-iz}}{2i} = z - \frac{1}{3!}z^3 + \frac{1}{5!}z^5 - \frac{1}{7!}z^7 + \cdots$$

一般に，無限項からなるベキ級数表現は発散すると意味をなさないので，その値が収束する変数 z の領域を指定する必要があります．

しかし，上の三角関数 $\cos z$，$\sin z$ については，z 平面の無限遠点を除いて絶対収束するので，とくにそれらの収束域を意識する必要はありません．

なお，$\tan z$ については，$\cos z \neq 0$ のとき $z = 0$ を含む領域において，以下のように表されます．

$$\tan z = \frac{\sin z}{\cos z} = \frac{1}{1}z + \frac{2}{3!}z^3 + \frac{16}{5!}z^5 + \cdots = z + \frac{1}{3}z^3 + \frac{2}{15}z^5 + \cdots$$

$\tan z$ の場合，分母の $\cos z$ が 0 になる z（極と称する）が ∞ に存在します．このため，z の値により無限級数の値が発散したり収束したりするので，そのベキ級数表現が成立する z の範囲（円環領域になる）を厳密に指定する必要があります．

2.7 非負の整数ベキ関数 $w = z^n$

$n = 0, 1, 2, \cdots$ として，非負（正もしくは $\overset{\text{ゼロ}}{0}$）の**整数ベキ関数** $w = z^n$ は，**6 章**のベキ級数（テイラー展開）等において，重要な役割を担う複素関数です．

$n = 0$ のとき実部は $u = 1$，虚部は $v = 0$ の平面になります．

また，$n = 1$ の場合実部は $u = x$ となり，x 軸方向に 45 度で傾く平面，虚部は $v = y$ より y 軸方向に 45 度で傾く平面になることが分かります．

$n = 2$ における z^2 の形状については，先の**図 2-6** に示しましたが，$n = 3$ における z^3 の形状は，**図 2-13** のようになります．

ここで，$z^3 = (x + iy)^3 = x^3 - 3xy^2 + i(3x^2y - y^3)$ より，その実部は $u = x^3 - 3xy^2$，虚部は $v = 3x^2y - y^3$ となります．

ここで，z^n に $z = r(\cos\theta + i\sin\theta)$ を代入することにより，(r, θ) を用いた極形式で表すと次のようになります．

$$z^n = (re^{i\theta})^n = r^n\bigl(\cos\theta + i\sin\theta\bigr)^n = r^n\bigl(\cos n\theta + i\sin n\theta\bigr)$$

上式において $n = 3$ とおくと，z^3 の実部は $u = r^3\cos 3\theta$，虚部は $v = r^3\sin 3\theta$ となります．

例えば $r = 1$ の単位円のとき，図中の緑色の閉曲線で示すように，1 周する間に 3 回 $\cos$ と $\sin$ の正弦波で $+1$ と -1 の間を振動する波形となります．

なお，z^n の虚部 v については

$$\sin n\theta = \cos\left(\frac{\pi}{2} - n\theta\right) = \cos\left(n\theta - \frac{\pi}{2}\right) = \cos\left\{n\left(\theta - \frac{\pi}{2n}\right)\right\}$$

となるので，z^n の実部 u を原点を中心に反時計方向に $\frac{\pi}{2n}$ 回転させた形状になることが分かります．**図 2-13** の場合，その回転角は $\frac{\pi}{6}$ になります．

また $n \neq 0$ のとき，$r = 1$ の単位円上における z^n の上下の振れ幅は常に ± 1 となりますが，単位円の内側 $(r < 1)$ では，n の値が増えるにつれその振幅 $|r^n|$ は急速に 0 に減衰し，逆に単位円の外側 $(r > 1)$ では，$\overset{\text{むげん}}{+\infty}$ に向かって拡大することが分かります．

2.7 非負の整数ベキ関数 $w = z^n$

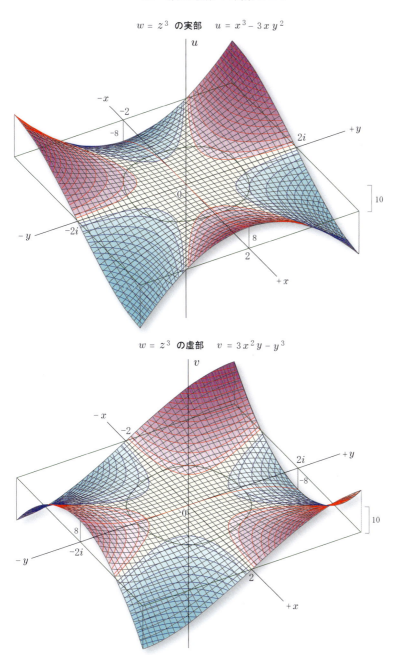

図 2-13 $w = u + iv = z^3$ の実部 u と虚部 v の 3 次元形状

2.8　負の整数ベキ関数 $w = z^{-n}$

負の整数ベキ関数 $w = z^{-n}$ $(n = 1, 2, 3, \cdots)$ は，**10 章**のローラン展開の主要部を構成する重要な項ですが，$n = 1$ のときその係数は**留数**に相当し，複素関数の周回積分等で極めて重要な役割を担います．

正のベキ級数の場合と同様，z^{-n} を (r, θ) を用いた極形式で表すと，以下のようになります．

$$z^{-n} = r^{-n}(\cos\theta + i\sin\theta)^{-n} = r^{-n}(\cos n\theta - i\sin n\theta)$$

$n = 1$ における $z^{-1} = \frac{1}{z}$ の形状については，既に**図 2-1** に示しましたが，

$$-\sin\theta = \cos\left(\frac{\pi}{2} + \theta\right) = \cos\left(\theta + \frac{\pi}{2}\right)$$

より，z^{-1} の虚部 v は，その実部 u を原点を中心に負の時計方向に $\frac{\pi}{2}$ 回転させた形状になっています．

図 2-14 に，$n = 3$ における z^{-3} の形状を示します．なお，z^{-3} の実部は $u = r^{-3}\cos 3\theta$，虚部は $v = -r^{-3}\sin 3\theta$ となります．

また，z^{-n} の虚部 v については

$$-\sin n\theta = \cos\left(\frac{\pi}{2} + n\theta\right) = \cos\left(n\theta + \frac{\pi}{2}\right) = \cos\left\{n\left(\theta + \frac{\pi}{2n}\right)\right\}$$

より，z^{-n} の実部 u を原点を中心に負の時計方向に $\frac{\pi}{2n}$ 回転させた形状になり，**図 2-14** の場合，回転の角度は $\frac{\pi}{6}$ となります．

$w = z^{-1}$，z^{-2}，z^{-3} の実部 u の値を，z 平面上に等高線表示したグラフを**図 2-15** に示します．$w = z^{-n}$ の場合，$2n$ 枚の花びらを有する花弁を真上から眺めたような形状になり，これを**バラ曲線**（あるいは正葉曲線）と称します．

一般に，$r = 1$ の単位円上における上下の振れ幅は ± 1 となりますが，単位円の内側では，n の値が増えるにつれその振幅は急速に増大し，逆に単位円の外側ではその振れ幅は 0 に減衰します．後ほど **10 章**で示しますが，ローラン展開において極を通る収束円の内側では非負のベキ関数 z^n，外側では主要部の負のベキ関数 z^{-n} が，それぞれ役割分担することになります．

2.8 負の整数ベキ関数 $w = z^{-n}$

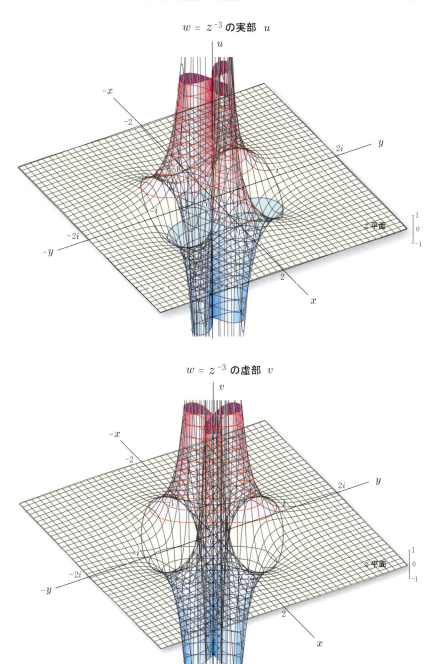

図 **2-14** $w = u + iv = z^{-3}$ の実部 u と虚部 v の 3 次元形状

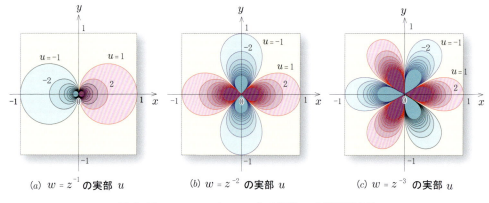

(a) $w = z^{-1}$ の実部 u (b) $w = z^{-2}$ の実部 u (c) $w = z^{-3}$ の実部 u

図 2-15　$w = u + iv = z^{-n}$ の実部 u の等高線表示

2.9　実数 a のベキ関数 $w = z^a$

複素数 $z \neq 0$, a について,

$$w = z^a = e^{a \log z}$$

を満たす z^a を, **ベキ関数**（z の a 乗）と呼びます. a が整数の場合, z^a は z を a 回乗じたものであり, 1 価関数となります. なお, a が実数もしくは複素数でその要素が有理数のとき, **多価関数**となるので注意が必要です.

2.10　演習問題

2-1　複素関数 $w = z^{\frac{1}{3}}$ におけるリーマン面について検討し, その形状を示しなさい.

第3章
複素関数の微分

実関数の微分は，実関数の変化量を実変数の変化量で割った商の極限として定義されます．複素関数の微分では，関数と変数の変化量は共に複素数となり，その除算の商の極限で与えられますが，複素変数がガウス平面上にあるため，極限への近づき方に2次元的な広がり（自由度）が生まれます．その近づき方によらず，同じ値の微分値が得られるとき，微分可能と定義されるので，複素関数は大きな制約を受けることになりますが，その見返りとして実関数からは予想できない不思議な性質が付与されることになります．

3.1 微分の定義

複素数の関数 $F(z)$ について，$z = z_0$ における**微分**を定義します．

z_0 を含む近傍 D の中に新たな点 z を定め，z の z_0 への近付き方にかかわらず，

$$\left(\frac{dF(z)}{dz}\right)_{z=z_0} = \lim_{z \to z_0} \frac{F(z) - F(z_0)}{z - z_0}$$

が一定の値になるとき**微分可能**であるといい，この値（複素数）を $z = z_0$ における**微分値**と定義します．また，複素関数 $F(z)$ が複素平面上の領域 D のあらゆる点において微分可能であるとき，領域 D において $F(z)$ は**正則**であるといいます．なお，領域の定義よりある1点のみで微分可能であっても，正則とはいえないことに注意が必要です．

実関数の場合，滑らかな1価関数は微分可能でしたが，複素関数 $F(z)$ の場合，その実部と虚部が滑らかなだけでは微分可能であるとは限りません．

詳しくは後ほど説明しますが，微分可能な関数はある制約を受けており，その実部と虚部の間には**強い拘束条件**が成立しています．

ここで，微分値を複素数 $Re^{i\theta} = R(\cos\theta + i\sin\theta)$ で表すとき，

$$F(z) - F(z_0) \fallingdotseq Re^{i\theta}(z - z_0)$$

が成立し，R と θ は，z によらず一定の値になります．このとき，図 **3-1** に示すように，ベクトルの $F(z) - F(z_0)$ は $(z - z_0)$ の絶対値を R 倍に拡大し，角度 θ だけ回転させたものに等しいことが分かります．

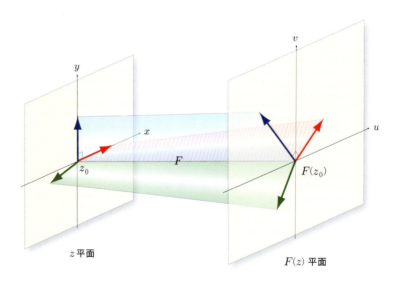

図 **3-1**　複素関数の微分と等角写像

図の赤と青のベクトルはいずれも互いに直交しており，z 平面における z_0 近傍の微小な直交座標は，$F(z_0)$ を中心とする微小な直交座標に 1 対 1 に対応しています．これらは，いわゆる**等角写像**と呼ばれる性質であり，静電場等の解析や流体力学など幅広い分野で利用されています．

3.2 コーシー・リーマンの方程式

複素数を $z = x + iy$ とし，関数 $F(z)$ の実部を $u(x, y)$，虚部を $v(x, y)$ とします．すなわち $F(z) = u + iv$ のとき，

$$\frac{\partial u}{\partial x} = \frac{\partial v}{\partial y} \qquad \frac{\partial u}{\partial y} = -\frac{\partial v}{\partial x}$$

をコーシー・リーマン (Caushy-Riemann) の方程式と呼び，z の領域 D のすべての点でこれらが成立するとき，「D において正則である」という表現を用います．

証明

先に述べた微分の定義から，コーシー・リーマンの方程式を導出してみましょう．定義より，z の z_0 への近付き方にかかわらず，微分値は一定の値になるので，x 軸に平行になるように接近させると，以下の式が成立します．

$$\frac{dF(z)}{dz} = \frac{\partial u}{\partial x} + i\frac{\partial v}{\partial x}$$

一方，y 軸に平行になるように接近させると，

$$\frac{dF(z)}{dz} = \frac{\partial u}{\partial (iy)} + i\frac{\partial v}{\partial (iy)} = -i\frac{\partial u}{\partial y} + \frac{\partial v}{\partial y}$$

が成立し，実部と虚部はそれぞれ等しくなるので，コーシー・リーマンの方程式が得られます．なお 1 章で述べたように，90°の回転を表すため，u と v を入れ替えると，一方に $-$ (マイナス) の符号が付加されます．

ここで，図 3-2 を用いてこの式の幾何学的なイメージを表現してみましょう．図のように $\Delta z = \Delta x + i\Delta y$，$\Delta F(z) = \Delta u + i\Delta v$，微分値を $Re^{i\theta} = R(\cos\theta + i\sin\theta)$ とおきます．z 平面の点 z_0 において，実部が Δx だけシフトした点は，$F(z)$ 平面では $F(z_0 + \Delta x)$ に対応します．その実部の増分を Δu_x，虚部の増分を Δv_x とすると，以下の式が成立します．

$$\frac{\Delta u_x}{R\Delta x} = \cos\theta \qquad \frac{\Delta v_x}{R\Delta x} = \sin\theta$$

同様に，z 平面で虚部が Δy だけシフトした点に対応する点を $F(z_0+i\Delta y)$ とし，その実部の増分を Δu_y，虚部の増分を Δv_y とすると，

$$\frac{\Delta u_y}{R\Delta y} = \cos\left(\theta + \frac{\pi}{2}\right) = -\sin\theta \qquad \frac{\Delta v_y}{R\Delta y} = \sin\left(\theta + \frac{\pi}{2}\right) = \cos\theta$$

が成立します．これらの式から $\cos\theta$ と $\sin\theta$ を消去し，その極限をとるとコーシー・リーマンの方程式が得られます．

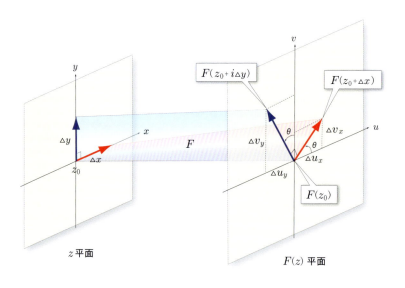

図 **3-2** コーシー・リーマン方程式のイメージ

例題 1 次の各関数について，コーシー・リーマンの方程式が常に成立することを示しなさい．

(1) z^2 (2) z^3

---

(1) $z^2 = (x+iy)^2$ より $u = x^2 - y^2$，$v = 2xy$ となり，

$$\frac{\partial u}{\partial x} = 2x \qquad \frac{\partial v}{\partial y} = 2x \qquad \frac{\partial v}{\partial x} = 2y \qquad \frac{\partial u}{\partial y} = -2y$$

より，コーシー・リーマンの式が常に成立することが分かります．

(2) $z^3 = (x+iy)^3$ より $u = x^3 - 3xy^2$, $v = 3x^2y - y^3$ となり，

$$\frac{\partial u}{\partial x} = 3(x^2 - y^2) = \frac{\partial v}{\partial y} \qquad \frac{\partial v}{\partial x} = 6xy = -\frac{\partial u}{\partial y}$$

が導かれます．

例題 2 次の各関数について，コーシー・リーマンの方程式が成立する条件を示しなさい．

(1) $\dfrac{1}{z}$ (2) $\dfrac{1}{z^2}$ (3) $|z^2|$ (4) $\bar{z}$

---

(1) $\dfrac{1}{x+iy} = \dfrac{x-iy}{x^2+y^2}$ より $u = \dfrac{x}{x^2+y^2}$, $v = -\dfrac{y}{x^2+y^2}$ となり，

$z = 0$ $(x = y = 0)$ を除いて，

$$\frac{\partial u}{\partial x} = \frac{-x^2 + y^2}{(x^2+y^2)^2} = \frac{\partial v}{\partial y} \qquad \frac{\partial v}{\partial x} = \frac{2xy}{(x^2+y^2)^2} = -\frac{\partial u}{\partial y}$$

が成立します．

(2) $\dfrac{1}{(x+iy)^2} = \dfrac{(x-iy)^2}{(x+iy)^2(x-iy)^2} = \dfrac{x^2 - y^2 - 2ixy}{(x^2+y^2)^2}$ より，

$u = \dfrac{x^2 - y^2}{(x^2+y^2)^2}$, $v = -\dfrac{2xy}{(x^2+y^2)^2}$ となり，

$z = 0$ $(x = y = 0)$ を除いて

$$\frac{\partial u}{\partial x} = \frac{2x(-x^2 + 3y^2)}{(x^2+y^2)^3} = \frac{\partial v}{\partial y} \qquad \frac{\partial v}{\partial x} = \frac{2y(3x^2 - y^2)}{(x^2+y^2)^3} = -\frac{\partial u}{\partial y}$$

が導かれます．

(3) $|(x+iy)^2| = x^2 + y^2$ より，$u = x^2 + y^2$, $v = 0$ となり，

$$\frac{\partial u}{\partial x} = 2x \qquad \frac{\partial u}{\partial y} = 2y \qquad \frac{\partial v}{\partial x} = -\frac{\partial v}{\partial y} = 0$$

となるので，原点すなわち $z=0$ $(x=y=0)$ において成立し，それ以外では成立しないことが分かります．

(4) $\bar{z}=x-iy$ より，$u=x$, $v=-y$ として，

$$\frac{\partial u}{\partial x}=1 \qquad \frac{\partial v}{\partial y}=-1 \qquad \frac{\partial v}{\partial x}=\frac{\partial u}{\partial y}=0$$

となり，常に成立しないことが分かります．

  正則関数における拘束条件について

$z=x+iy$ として，正則な関数 $f(z)$ の実部を $u(x,y)$，虚部を $v(x,y)$ とします．$f(z)$ に正則という条件が与えられたとき，その実部 $u(x,y)$ と虚部 $v(x,y)$ を独立に設定することはできません．例えば実部が定まれば，虚部は定数項を除いて一義的に決定されます．逆に，虚部が決まれば，実部も定数項を除いて確定します．これらの関係を具体的に示しましょう．

例えば，正則な関数の実部が $u(x,y)$，虚部が $v_1(x,y)$ および $v_2(x,y)$ とすると，コーシー・リーマンの方程式より，以下の関係が成立します．

$$\frac{\partial v_1}{\partial y}=\frac{\partial v_2}{\partial y}=\frac{\partial u}{\partial x} \qquad \frac{\partial v_1}{\partial x}=\frac{\partial v_2}{\partial x}=-\frac{\partial u}{\partial y}$$

これより，

$$\frac{\partial (v_1-v_2)}{\partial x}=0 \qquad \frac{\partial (v_1-v_2)}{\partial y}=0$$

が成立し，$v_1(x,y)-v_2(x,y)$ は変数 x, y を含まないことが分かります．

すなわち，$v_1(x,y)$ と $v_2(x,y)$ は定数項を除けば，同一の形になります．同様にして，虚部が定まれば，実部 $u_1(x,y)$ と $u_2(x,y)$ は定数項を除いて同じ表現になります．

次に，正則関数の実部から虚部を導出する例を示しましょう．

3.2 コーシー・リーマンの方程式

例題 3 正則関数 $f(z) = u(x,y) + iv(x,y)$ において，
$u(x,y) = x^3 - 3xy^2$ であるとき，$v(x,y)$ を求めなさい．

$u(x,y)$ を x で偏微分すると，以下の式が得られます．

$$\frac{\partial u}{\partial x} = 3(x^2 - y^2)$$

ここで，コーシー・リーマンの方程式より，$\dfrac{\partial u}{\partial x} = \dfrac{\partial v}{\partial y}$ となるので，上式を y で積分することにより，

$$v = 3x^2 y - y^3 + c_1$$

が導かれます．なお c_1 は y によらない定数ですが，x の関数である可能性があります．

同様に，$\dfrac{\partial u}{\partial y} = -6xy$，$\dfrac{\partial u}{\partial y} = -\dfrac{\partial v}{\partial x}$ より，これを x で積分することにより，

$$v = 3x^2 y + c_2$$

が得られます．なお c_2 は x によらない定数ですが，y の関数である可能性は残されています．

これらの 2 式より，x，y によらない新たな定数を c として，

$$v = 3x^2 y - y^3 + c$$

が導かれます．このとき，次のように表すことができます．

$$f(z) = u + iv = x^3 - 3xy^2 + i(3x^2 y - y^3 + c)$$
$$= (x + iy)^3 + ic = z^3 + ic$$

なお，複素関数の実部である $u(x,y) = x^3 - 3xy^2$ は，前章の図 **2-13** の上に示した正則関数 $w = z^3$ の実部に相当します．

また，ここで求めた $v(x,y)$ に $c = 0$ を代入すると，図 **2-13** の下に示した $w = z^3$ の虚部に一致します．

3.3 複素関数の正則性と特異点

ここでは,複素関数における**正則性**と**特異点**について説明します.

複素関数 $f(z)$ について,ある点 z を含む領域 D 内のすべての点において,コーシー・リーマンの方程式が成立するとき,$f(z)$ は D において**正則**と定義しました.なお,複素関数 $f(z)$ の定義域は $f(z)$ 上ではなく,$z \in D$ を満たす z 平面上の領域 D であることに注意が必要です.

このとき,正則とはならない点の集まりを $f(z)$ の**特異点**と呼びます.

例えば,**例題 2(1)** の関数 $f(z) = \frac{1}{z}$ では,$z = 0$ においてコーシー・リーマンの方程式が成立しないので原点が特異点となり,**孤立特異点**と呼ばれます.このとき,その近傍では正則となることに注意して下さい.

一方,**例題 2(3)** の関数 $f(z) = |z^2|$ では,原点 $(z = 0)$ においてコーシー・リーマンの方程式が成立していますが,原点を含む近傍では成立しないので,正則とは言えません.すなわち,あらゆる z において正則ではなくすべての z が特異点ということになります.このように点という名称が付いてはいますが,関数により線や面となることがあります.

以下に示すように,**孤立特異点**は大きく 3 つの種類に分類されます.

(1) 極

$f(z)$ が $z = \alpha$ の近傍で,$\frac{1}{(z-\alpha)^n}$ $(n = 1, 2, \cdots)$ のように振る舞うとき,α を $f(z)$ の n **位の極**といいます.例えば,**例題 2** の関数 $\frac{1}{z}$ では $z = 0$ が 1 位の極,関数 $\frac{1}{z^2}$ では $z = 0$ が 2 位の極となります.なお,複数の項からなるべき級数,例えば $b_n \neq 0$ として,

$$f(z) = \frac{b_n}{(z-a)^n} + \frac{b_{n-1}}{(z-a)^{n-1}} + \cdots + \frac{b_2}{(z-a)^2} + \frac{b_1}{z-a}$$
$$+ c_0 + c_1 (z-a) + c_2 (z-a)^2 + \cdots$$

のような場合においても,$z = a$ を $f(z)$ の n **位の極**と呼びます.

(2) 真性特異点

例えば $f(z) = e^{\frac{1}{z-\alpha}}$ の場合，指数関数の定義より次式が成立します．

$$e^{\frac{1}{z-\alpha}} = \sum_{n=0}^{\infty} \frac{1}{n!} \frac{1}{(z-\alpha)^n}$$

$$= 1 + \frac{1}{1!}\frac{1}{z-\alpha} + \frac{1}{2!}\frac{1}{(z-\alpha)^2} + \frac{1}{3!}\frac{1}{(z-\alpha)^3} + \cdots$$

このように，分母に z の項をもつ無限級数となるので，$z=\alpha$ は**真性特異点**と呼ばれ，∞ 位の極に相当します．

(3) 除去可能な特異点

例えば複素関数の $\frac{\sin(z)}{z}$ は，一見すると $z=0$ が 1 位の極であるように見えますが，三角関数の $\sin(z)$ の項で示した無限級数の

$$\sin(z) = z - \frac{z^3}{3!} + \frac{z^5}{5!} - \cdots$$

を代入すると，

$$\frac{\sin(z)}{z} = 1 - \frac{z^2}{3!} + \frac{z^4}{5!} - \cdots$$

のように表されます．このとき $z=0$ はもはや極ではなく，**除去可能な特異点**と呼ばれます．

これらの特異点は解析に不都合なものではなく，むしろ関数の性質を明確に現す「顔」のような役目を果たしています．

それらの詳細については，**6 章**以降で説明します．

無限遠点における正則性について

1 章で述べたように，リーマン球面や複素関数の $w = \frac{1}{z}$ を用いることにより，無限遠点 ($w = \infty$) と原点 ($z = 0$) を 1 対 1 に対応させることができます．

一般的な複素関数においても，無限遠点における性質を明らかにするため，対象となる関数 $f(z)$ について，変数 $\zeta = \frac{1}{z}$ を用いて，

$$f\left(\frac{1}{\zeta}\right) = g(\zeta)$$

を満たす新たな関数 $g(\zeta)$ を導入し，$z = \infty$ における $f(z)$ の性質を，$\zeta = 0$ における $g(\zeta)$ の性質により規定する方法が用いられます．

代表的な複素関数について，$z = 0$ の原点と無限遠点における性質を整理すると，以下のようになります．

(1) n が正の整数のとき，z^n は $z = 0$ において正則であり，$z = \infty$ に n 位の極をもつ．

(2) n が正の整数のとき，$\frac{1}{z^n}$ は $z = 0$ に n 位の極をもち，$z = \infty$ において正則となる．

(3) 無限級数で定義される指数関数の e^z や，三角関数の $\sin z$, $\cos z$ は，いずれも $z = 0$ において正則となり，$z = \infty$ に真性特異点をもつ．

(4) 例えば関数の $f(z) = z + \frac{1}{z}$ は，$z = 0$ と $z = \infty$ に 1 位の極をもつ．

3.4 演習問題

3-1 次の関数の正則性について調べなさい．

(1) $f(z) = \text{Re}(z)$ (2) $f(z) = z\,|z|$

3-2 $z = re^{i\theta}$ のように極座標表示し，正則関数を $f(z) = u(r,\theta) + iv(r,\theta)$ とするとき，コーシー・リーマンの方程式が以下の式で表されることを示しなさい．

$$\frac{\partial u}{\partial r} = \frac{1}{r}\frac{\partial v}{\partial \theta} \qquad \frac{\partial v}{\partial r} = -\frac{1}{r}\frac{\partial u}{\partial \theta}$$

第4章 基本的な複素関数の導関数

本章では，正則関数の加減乗除の演算により得られる整式が基本的に正則となることを示し，代表的な複素関数とその導関数の関係を，幾何学的な図を用いて表現します．複素関数の微分も複素数となり，その絶対値は 2 つの微小な直交座標間の拡大・縮小率，偏角はそれらのねじれ角を表しています．このような性質を頭の中でイメージしながら理解を深めて下さい．

4.1 正則な複素関数

領域 D において正則な関数を $f(z)$, $g(z)$ とおくと，その和と差，積と商，すなわち

(1) $f(z) + g(z)$
(2) $f(z) - g(z)$
(3) $f(z) \cdot g(z)$
(4) $\dfrac{f(z)}{g(z)}$

も D において正則となります．なお，(4) の商については，D 内のすべての z において $g(z) \neq 0$ が成立するものとします．
(1), (2) が成立することは，コーシー・リーマンの方程式より明らかなので，(3) と (4) が成立することを示しましょう．

定 理

$f(z) = a + ib$, $g(z) = c + id$ が領域 D において正則であるとき，それらの積 $w(z) = f(z) \cdot g(z)$ も D において正則となる．

証明

$f(z)$ と $g(z)$ が正則となるので，以下のコーシー・リーマンの方程式が成立します．

$$\frac{\partial a}{\partial x} = \frac{\partial b}{\partial y} \qquad \frac{\partial a}{\partial y} = -\frac{\partial b}{\partial x} \qquad \frac{\partial c}{\partial x} = \frac{\partial d}{\partial y} \qquad \frac{\partial c}{\partial y} = -\frac{\partial d}{\partial x}$$

このとき，

$$f(z) \cdot g(z) = (a + ib) \cdot (c + id) = ac - bd + i(ad + bc)$$

より，以下の2式が成立することを示します．

$$\frac{\partial}{\partial x}(ac - bd) = \frac{\partial}{\partial y}(ad + bc) \qquad \frac{\partial}{\partial y}(ac - bd) = -\frac{\partial}{\partial x}(ad + bc)$$

はじめに，1番目の式の左辺から右辺を引くと，

$$\frac{\partial}{\partial x}(ac - bd) - \frac{\partial}{\partial y}(ad + bc)$$
$$= a\left(\frac{\partial c}{\partial x} - \frac{\partial d}{\partial y}\right) - b\left(\frac{\partial d}{\partial x} + \frac{\partial c}{\partial y}\right) + c\left(\frac{\partial a}{\partial x} - \frac{\partial b}{\partial y}\right) - d\left(\frac{\partial b}{\partial x} + \frac{\partial a}{\partial y}\right)$$
$$= 0$$

となります．同様に，2番目の式の左辺から右辺を引くと，

$$\frac{\partial}{\partial y}(ac - bd) + \frac{\partial}{\partial x}(ad + bc)$$
$$= a\left(\frac{\partial d}{\partial x} + \frac{\partial c}{\partial y}\right) + b\left(\frac{\partial c}{\partial x} - \frac{\partial d}{\partial y}\right) + c\left(\frac{\partial b}{\partial x} + \frac{\partial a}{\partial y}\right) + d\left(\frac{\partial a}{\partial x} - \frac{\partial b}{\partial y}\right)$$
$$= 0$$

が得られます．これより，正則関数の積も正則となることが示されました．

定理

関数 $f(z) = a + ib$，$g(z) = c + id$ が領域 D において正則であり，$g(z) \neq 0$ のとき，それらの商 $w(z) = \dfrac{f(z)}{g(z)}$ も D において正則となる．

4.1 正則な複素関数

証 明

$$\frac{f(z)}{g(z)} = \frac{a+ib}{c+id} = \frac{ac+bd}{c^2+d^2} + i\frac{bc-ad}{c^2+d^2}$$

より，以下の 2 式が成立することを示します．

$$\frac{\partial}{\partial x}\left(\frac{ac+bd}{c^2+d^2}\right) = \frac{\partial}{\partial y}\left(\frac{bc-ad}{c^2+d^2}\right) \qquad \frac{\partial}{\partial y}\left(\frac{ac+bd}{c^2+d^2}\right) = -\frac{\partial}{\partial x}\left(\frac{bc-ad}{c^2+d^2}\right)$$

はじめに，1 番目の式の左辺から右辺を引くと，

$$\frac{\partial}{\partial x}\left(\frac{ac+bd}{c^2+d^2}\right) - \frac{\partial}{\partial y}\left(\frac{bc-ad}{c^2+d^2}\right)$$

$$= \frac{1}{(c^2+d^2)^2}\left\{c\left(c^2+d^2\right)\left(\frac{\partial a}{\partial x}-\frac{\partial b}{\partial y}\right) - a\left(c^2-d^2\right)\left(\frac{\partial c}{\partial x}-\frac{\partial d}{\partial y}\right)\right.$$

$$+d\left(c^2+d^2\right)\left(\frac{\partial b}{\partial x}+\frac{\partial a}{\partial y}\right) + b\left(c^2-d^2\right)\left(\frac{\partial d}{\partial x}+\frac{\partial c}{\partial y}\right)$$

$$\left. -2acd\left(\frac{\partial d}{\partial x}+\frac{\partial c}{\partial y}\right) - 2bcd\left(\frac{\partial c}{\partial x}-\frac{\partial d}{\partial y}\right)\right\} = 0$$

が成立します．同様に，2 番目の式の左辺から右辺を引くと，

$$\frac{\partial}{\partial y}\left(\frac{ac+bd}{c^2+d^2}\right) + \frac{\partial}{\partial x}\left(\frac{bc-ad}{c^2+d^2}\right)$$

$$= \frac{1}{(c^2+d^2)^2}\left\{c\left(c^2+d^2\right)\left(\frac{\partial b}{\partial x}+\frac{\partial a}{\partial y}\right) - a\left(c^2-d^2\right)\left(\frac{\partial d}{\partial x}+\frac{\partial c}{\partial y}\right)\right.$$

$$-d\left(c^2+d^2\right)\left(\frac{\partial a}{\partial x}-\frac{\partial b}{\partial y}\right) - b\left(c^2-d^2\right)\left(\frac{\partial c}{\partial x}-\frac{\partial d}{\partial y}\right)$$

$$\left. +2acd\left(\frac{\partial c}{\partial x}-\frac{\partial d}{\partial y}\right) - 2bcd\left(\frac{\partial d}{\partial x}+\frac{\partial c}{\partial y}\right)\right\} = 0$$

が得られます．

これより，$g(z) \neq 0$ のとき，正則関数の商 $\dfrac{f(z)}{g(z)}$ についても正則となることが示されました．

整式と有理関数の正則性について

$f(z) = z$ は，無限遠点を除くすべての z について正則となるので，先の定理で $f(z) = g(z) = z$ とおくことにより，$h(z) = z^2$ が正則となることは明らかです．これより，n を正の整数として，

$$f(z) = z^n$$

が，無限遠点を除くすべての z において正則となることが分かります．

なお，**3 章**の最後で示したように，無限遠点は n 位の極に相当します．

一方の除算についても同様の手法が適用でき，分母が 0 となる $z = 0$ の極を除いて，

$$f(z) = z^{-n}$$

も正則となることが導かれます．なお，$z = 0$ は **n 位の極**となり，無限遠点で正則となります．

ここで，複素数の定数を a_i $(i = 0, 1, \cdots, n)$ として，

$$f(z) = a_0 + a_1 z + a_2 z^2 + \cdots + a_n z^n$$

のような多項式を**整式**といいますが，これらも基本的に，無限遠点を除くすべての z において正則となります．

同様に，複素数の定数 b_i $(i = 0, 1, \cdots, m)$ について，

$$g(z) = b_0 + b_1 z + b_2 z^2 + \cdots + b_m z^m$$

としたとき，$b_m \neq 0$ として，

$$\frac{f(z)}{g(z)} = \frac{a_0 + a_1 z + a_2 z^2 + \cdots + a_n z^n}{b_0 + b_1 z + b_2 z^2 + \cdots + b_m z^m}$$

は分母の $g(z)$ が 0 になる最大 m 個の極を除いて正則となり，**有理関数**と呼ばれます．

一方，指数関数や三角関数は無限級数となり，**超越関数**と呼ばれますが，これらも無限遠点を除くすべての z について正則となります．

4.2 基本的な複素関数の導関数

前節では，領域 D において正則となる複素関数について，それらの四則演算により，除算の分母が 0 となる極を除いて正則な関数が生成されることを示しました．

これらの関数は，その定義より極を除く D において微分可能であり，これを **導関数** と呼びます．ここでは，n を正の整数として $f(z) = z^n$ の導関数を実際に求めてみましょう．

$(z + \Delta z)^n$ を二項定理により展開すると，以下のようになります．

$$(z + \Delta z)^n = z^n + nz^{n-1}\Delta z + \frac{n(n-1)}{2}z^{n-2}(\Delta z)^2 + \cdots$$

これより，以下の式が導かれます．

$$\frac{(z + \Delta z)^n - z^n}{\Delta z} = nz^{n-1} + \frac{n(n-1)}{2}z^{n-2}(\Delta z) + \cdots$$

ここで $\Delta z \to 0$ のとき，右辺の第 2 項以降は無視できるほど小さくなるので，$f(z) = z^n$ の導関数は以下のように求められます．

$$\frac{d}{dz}\left(z^n\right) = nz^{n-1}$$

一方，n を正の整数として $f(z) = z^{-n}$ の導関数は，次式のようになります．

$$\frac{d}{dz}\left(z^{-n}\right) = -nz^{-(n+1)}$$

ただし，この導関数の場合 $z = 0$ が **孤立特異点** であり，$(n+1)$ 位の極となります．

ここで，複素数 z を実数 x に置き換えると，微分学の最初に出てくる見慣れた式となります．

実は，実数の領域で成立する微積分の公式の一部は，複素数の領域にそのまま拡張することが可能です．この概念を **解析接続** と呼びますが，それらの内容については **12 章** で紹介します．

第 4 章　基本的な複素関数の導関数

例題 1　$f(z) = \frac{1}{z}$ の導関数が $f'(z) = -\frac{1}{z^2}$ となることをイメージで示しなさい．

先に示したように，$f(z) = \frac{1}{z}$ の導関数は $z \neq 0$ のとき次式のようになります．

$$\frac{d}{dz}\left(\frac{1}{z}\right) = -\frac{1}{z^2}$$

複素微分の定義に基づき，この式の意味する内容を具体的なイメージで表現してみましょう．

一般に，複素関数は実部と虚部を組み合せた $\text{Re}\{f(z)\} + i\text{Im}\{f(z)\}$ の形より，(r,θ) の極形式で表した方が，その性質を直感的に理解できる傾向があります．そこで，複素変数の z に $z = re^{i\theta}$ を代入すると，$r \neq 0$ のとき，以下のようになります．

$$f(z) = \frac{1}{z} = \frac{1}{r}e^{-i\theta}$$

これより，z 平面上の点 z が，図 **4-1** の **(b)** に示すように原点を中心とする円周上を正方向に 1 周するとき，w 平面上の点 $\frac{1}{z}$ は，図 **(a)** のように逆の負の方向に 1 周することが分かります．なお，w 平面の $f(z)$ の半径は，z の半径 r の逆数 $\frac{1}{r}$ となります．

ここで，$f(z) = \frac{1}{z}$ は，$z = 0$ を除くすべての点で正則となり，等角写像の関係が成立しています．すなわち，図 **(b)** の z 平面上の点 z における赤と青の直交するベクトルは，図 **(a)** の w 平面上の点 $f(z)$ における赤と青のベクトルにそれぞれ対応します．z の点が dz だけ移動すると，w 平面上の点は dw だけ動きます．このとき，複素数の除算で表される $\frac{dw}{dz}$ の絶対値は，dw と dz の絶対値の比率を，偏角は 2 つの偏角の差分を表しています．それぞれの z に対応する $\frac{dw}{dz}$ を表示すると，図 **(c)** の四角い領域内の矢印のようになります．これを 1 枚の W 平面上に重ねて表現したのが図 **(d)** です．例えば，z が原点を中心とする円周上を正方向に 1 周すると，$\frac{dw}{dz}$ は負の方向に 2 周することが分かります．さらに，z が正の実軸上を 1 から 0 に向かって移動するとき，$\frac{dw}{dz}$ は -1 から実軸の負の無限大の方向に動きます．

これらの挙動から，$f'(z) = -\frac{1}{z^2}$ の関係が成立していることが，イメージとして理解できると思います．

4.2 基本的な複素関数の導関数

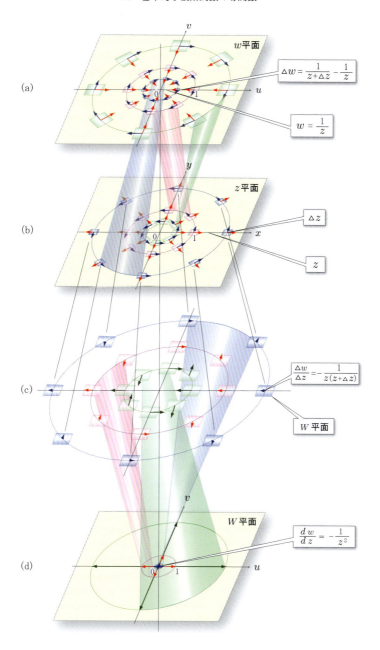

図 **4-1** $f(z) = \frac{1}{z}$ の導関数 $\frac{df(z)}{dz} = -\frac{1}{z^2}$ のイメージ

例題 2 指数関数 $f(z) = e^z$ の導関数が $f'(z) = e^z$ となることを具体的なイメージにより示しなさい．

指数関数 e^z は，以下の無限級数により表されます．

$$e^z = 1 + z + \frac{z^2}{2!} + \frac{z^3}{3!} + \frac{z^4}{4!} + \frac{z^5}{5!} + \cdots$$

上式はすべての z について一様収束するので，項別微分することが可能となり，次のように微分しても式の形に変わりはありません．

$$\frac{d}{dz}\left(e^z\right) = 1 + z + \frac{z^2}{2!} + \frac{z^3}{3!} + \frac{z^4}{4!} + \frac{z^5}{5!} + \cdots = e^z$$

例題1 と同様にして，この式の表すところをイメージで捉えてみましょう．

この指数関数の場合は，例外的に極形式ではなく，一般的な実部と虚部の直交座標系を用います．

例えば $z = x + iy$ とおくと，$f(z) = e^z = e^x e^{iy}$ となります．

これより，図 4-2 の (b) に示すように，z 平面の点 z が虚軸と平行に $-i\pi$ から $+i\pi$ に移動するとき，w 平面上の $f(z) = e^x e^{iy}$ は，図 (a) に示すように，原点を中心とする半径 e^x の円周上を正の方向に 1 回転することが分かります．なお，変数 z の虚部 iy が $+i\pi$ を超えても $f(z)$ は回転を続け，$+i3\pi$ に達したときさらに 1 回転が付け加わることになります．

この虚軸に平行な直線上での微分 $\frac{dw}{dz}$ を想定すると，微分の分母に相当する z の変化量 Δz はすべて純虚数になるのに対し，分子に相当する w の変化量 Δw は，w 平面における円に沿ってその接線方向に向きを変えるので，結果として w と同様に回転することになります．

このようにして，w 平面の回転は微分 $\frac{dw}{dz}$ の値に直接反映されることになります．なお，円とその接線の間には $\frac{\pi}{2}$ の角度のズレがあり，虚軸に平行な直線の i と打ち消し合います．

それぞれの z に対応する $\frac{dw}{dz}$ を表示すると，図 (c) の四角い領域内の矢印のようになります．これを 1 枚の W 平面上に表現したのが図 (d) であり，z について図 (a) の $f(z)$ と同じ挙動を示しています．

これより，$f'(z) = e^x e^{iy} = e^z$ の関係が成立することが示されました．

4.2 基本的な複素関数の導関数

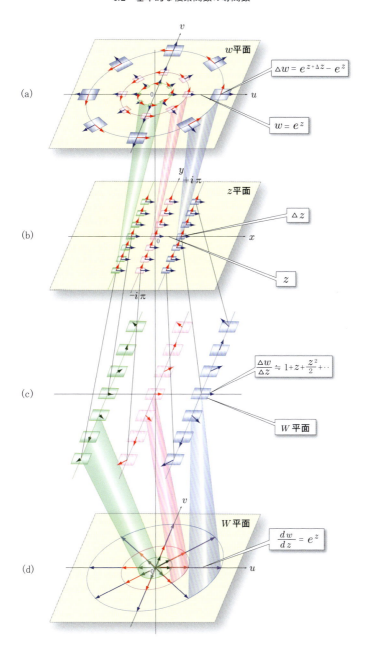

図 4-2 $f(z) = e^z$ の導関数 $\frac{df(z)}{dz} = e^z$ のイメージ

例題 3 対数関数 $f(z) = \log z$ の導関数が $f'(z) = \frac{1}{z}$ となることをイメージにより示しなさい.

　対数関数 $f(z) = \log z$ は,**例題 2**で示した指数関数 $w = e^z$ の z と w を入れ替えた逆関数であり,無限多価となります.

　ここでは,多価関数の煩雑さを避けるため,z 平面をリーマン面に拡張し 1 価関数として取り扱います.

　ここで極形式表示を用いて $z = re^{i\theta}$ とおくと,

$$f(z) = \log z = \log\left(re^{i\theta}\right) = \log r + i\theta$$

のようになります.

　これより,図 4-3(b) に示すように,z 平面上の点 z が原点を中心とする円周に沿って正方向に 1 周するとき,w 平面上の $\log z$ は,図 (a) のように虚軸に平行に正の方向に $i2\pi$ だけ移動することが分かります.なお,一般には 1 つの z について,$f(z)$ の虚部は $\theta + 2n\pi$ (n:整数) のように無限に存在しますが,z 平面をリーマン面とみなし,この螺旋状の曲面上を回転しながら移動することにより,$\log z$ は虚軸の正の方向へ移動するものと考えます.

　ここで,z 平面上の円周上における微分 $\frac{dw}{dz}$ を想定すると,微分の分母に相当する z の変化量 Δz が,円周に沿ってその方向を変えるのに対し,分子に相当する w の変化量 Δw は,すべて純虚数になります.

　すなわち,**例題 2** における微分の分母と分子がそっくり入れ替わっており,変数の z が z 平面上の円周上を正の反時計方向に 1 周するとき,微分 $\frac{dw}{dz}$ の分母も同じ方向に 1 周します.

　このため,微分値としては負の時計方向に 1 周することになり,z の逆数 $\frac{1}{z}$ が導かれます.

　図 (c) の四角い領域内の矢印は $\frac{dw}{dz}$ を表しており,z が正方向に 1 周すると,$\frac{dw}{dz}$ は W 平面の円周上を負の方向に 1 周します.

　これを 1 枚の W 平面上に重ねて表現すると,図 (d) のようになり,

$$\frac{dw}{dz} = \frac{1}{e^w} = \frac{1}{z}$$

の関係が成立していることが分かります.

4.2 基本的な複素関数の導関数　　　　　　　　　　　　　　　61

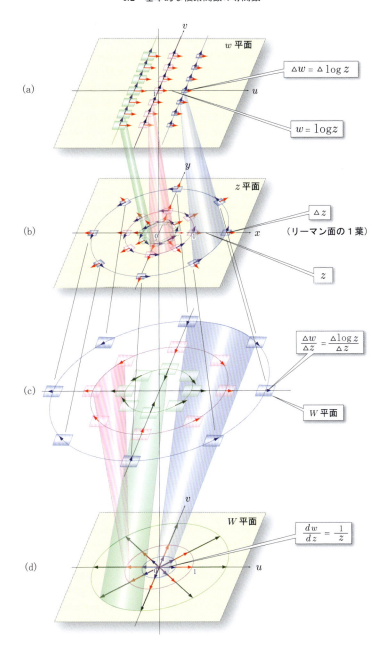

図 4-3　$f(z) = \log z$ の導関数 $\frac{df(z)}{dz} = \frac{1}{z}$ (z 平面はリーマン面の 1 葉)

三角関数の導関数について

前章では，実関数の三角関数を複素関数に拡張した $\cos z$ や $\sin z$ 等の定義を示しましたが，ここではこれらを変数の z で微分した導関数について整理します．

はじめに，指数関数 e^z を用いた定義式を直接微分することにより，

$$\frac{d}{dz}\cos z = \frac{d}{dz}\left(\frac{e^{iz}+e^{-iz}}{2}\right) = \frac{ie^{iz}-ie^{-iz}}{2} = i^2\frac{e^{iz}-e^{-iz}}{2i} = -\sin z$$

$$\frac{d}{dz}\sin z = \frac{d}{dz}\left(\frac{e^{iz}-e^{-iz}}{2i}\right) = \frac{ie^{iz}+ie^{-iz}}{2i} = \frac{e^{iz}+e^{-iz}}{2} = \cos z$$

$$\frac{d}{dz}\tan z = \frac{d}{dz}\frac{\sin z}{\cos z} = \frac{(\sin z)'\cos z - (\cos z)'\sin z}{\cos z^2} = \frac{\cos z^2 + \sin z^2}{\cos^2 z} = \frac{1}{\cos^2 z}$$

が得られます．

なお，最後の $\tan$ の微分については，実関数の $\cos^2 x + \sin^2 x = 1$ を複素関数に拡張した式を用いています．

ここで，$\cos$ と $\sin$ については，テイラー展開により求めたベキ級数表現を直接微分することにより，次式が導かれます．

$$\frac{d}{dz}\cos z = \frac{d}{dz}\left(1-\frac{z^2}{2!}+\frac{z^4}{4!}-\frac{z^6}{6!}+\cdots\right) = -\frac{z}{1}+\frac{z^3}{3!}-\frac{z^5}{5!}+\cdots = -\sin z$$

$$\frac{d}{dz}\sin z = \frac{d}{dz}\left(z-\frac{z^3}{3!}+\frac{z^5}{5!}-\frac{z^7}{7!}+\cdots\right) = 1-\frac{z^2}{2!}+\frac{z^4}{4!}-\frac{z^6}{6!}+\cdots = \cos z$$

4.3 演習問題

4-1 無限遠点も考慮に入れて，次の関数の正則性について調べなさい．

(1) 複素定数 C_0 　　(2) $\dfrac{z^2}{z+1}$ 　　(3) $\sin\dfrac{1}{z}$ 　　(4) $\dfrac{1}{\sin\frac{1}{z}}$

第 5 章
等角写像と 2 次元流

領域 D で正則な複素関数において，z 平面の微小な直交座標系は，w 平面上の微小な直交座標系に 1 対 1 に写像されており，変数と関数の間に角度が保存されるような対応関係が成立しています．これを等角写像と呼び，電磁気学や流体力学等の分野で 2 次元的な流れの解析に用いられています．

5.1 正則関数と 2 次元流

正則な複素関数 $f(z) = u + iv$ において，コーシー・リーマンの方程式を x, y で偏微分することにより，以下の関係式が得られます．

$$\frac{\partial^2 u}{\partial x^2} = \frac{\partial^2 v}{\partial x \partial y} \qquad \frac{\partial^2 v}{\partial y^2} = \frac{\partial^2 u}{\partial y \partial x} \qquad \frac{\partial^2 u}{\partial y^2} = -\frac{\partial^2 v}{\partial y \partial x} \qquad \frac{\partial^2 v}{\partial x^2} = -\frac{\partial^2 u}{\partial x \partial y}$$

ここで，u, v が連続関数のとき，それらの偏微分の順序を入れ替えることが許されるので，次の関係式が成立します．

$$\frac{\partial^2 u}{\partial x^2} + \frac{\partial^2 u}{\partial y^2} = 0 \qquad \frac{\partial^2 v}{\partial x^2} + \frac{\partial^2 v}{\partial y^2} = 0$$

この式を **2 次元のラプラス (Laplace) 方程式**と呼び，これを満たす関数を**調和関数**といいます．すなわち，正則な複素関数 $f(z)$ の実部 u と虚部 v はともに調和関数となり，互いに**共役**な関係にあります．

一般に，3 次元のラプラス方程式は，$\dfrac{\partial^2 \phi}{\partial x^2} + \dfrac{\partial^2 \phi}{\partial y^2} + \dfrac{\partial^2 \phi}{\partial z^2} = 0$ となり，

これを満たす調和関数 ϕ は，流体や電磁気をはじめとする様々な物理量を表すことが知られています．ここで，例えば 3 次元の奥行き方向が均一となる場合は，先に示した 2 次元の方程式に縮退させることが可能となり，正則な複素関数により表現することができます．

ここでは，**非圧縮性の完全流体**が，湧き出しなどがなく管状に流れている定常的状態を想定し，これが正則な複素関数で表されることを示します．

はじめに，**2 次元のベクトル場**として，2 次元の平面 (x, y) 上に成分が (u, v) となるベクトル $\boldsymbol{f}$ を定義します．

このとき，$\mathrm{div}\boldsymbol{f} = \dfrac{\partial u}{\partial x} + \dfrac{\partial v}{\partial y}$ を**発散**と呼びます．これは**図 5-1** に示すように，微小な矩形の領域から流出する量 $\left\{\dfrac{(v+\Delta v)\Delta x + (u+\Delta u)\Delta y}{\Delta x \Delta y}\right\}$ と，流入する量 $\left\{\dfrac{v\,\Delta x + u\,\Delta y}{\Delta x \Delta y}\right\}$ との差分 $\left(\dfrac{\Delta u}{\Delta x} + \dfrac{\Delta v}{\Delta y}\right)$ と考えられ，この極限の値が 0 となるとき，流入量と流出量が一致して流れは**管状**になり，次式が成立します．

$$\frac{\partial u}{\partial x} + \frac{\partial v}{\partial y} = 0$$

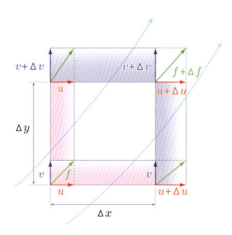

図 **5-1** 発散 $\mathrm{div}\,\boldsymbol{f}$ のイメージ

一方，$\mathrm{rot}\boldsymbol{f} = \left(\dfrac{\partial v}{\partial x} - \dfrac{\partial u}{\partial y}\right)\boldsymbol{r}$ を**回転**と呼びます．ここで，$\boldsymbol{p}, \boldsymbol{q}$ を xy 平面の単位ベクトルとしたとき，$\boldsymbol{f} = u\boldsymbol{p} + v\boldsymbol{q}$ であり，$\boldsymbol{r}$ は，xy 平面に直交する z 方向の単位ベクトルを表しています．なお，図 **5-2** に示すように，ベクトル $\boldsymbol{f}$ の z 軸を中心とする回転成分は，$\left(\dfrac{\Delta v}{\Delta x} - \dfrac{\Delta u}{\Delta y}\right)$ で表すことができ，この極限をとると回転 $\mathrm{rot}\boldsymbol{f}$ になることが分かります．

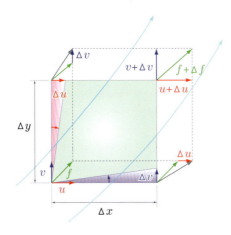

図 **5-2**　回転 $\mathrm{rot}\boldsymbol{f}$ のイメージ

2 次元の流れに渦がない場合は，回転 $\mathrm{rot}\boldsymbol{f}$ を **0** と置くことにより，

$$\frac{\partial u}{\partial y} - \frac{\partial v}{\partial x} = 0$$

が導かれます．すなわち，$\mathrm{div}\boldsymbol{f} = 0$，$\mathrm{rot}\boldsymbol{f} = \boldsymbol{0}$ のとき，

$$\frac{\partial u}{\partial x} = -\frac{\partial v}{\partial y} \qquad \frac{\partial u}{\partial y} = \frac{\partial v}{\partial x}$$

となりますが，残念ながらコーシー・リーマンの方程式と $\pm$ の符号が反転しているので，$f(z) = u + iv$ は正則にはなりません．その理由は直交平面における回転方向の定義にずれが生じるためですが，正則な複素関数の特性を活用するため，f の共役複素数 $\overline{f(z)} = u - iv$ を対象として 2 次元流の解析を行い，最後に複素共役をとって $f(z)$ を求める方針で進めることにします．

ここで，共役な調和関数 ϕ, ψ を用いて，ある正則な関数 $w = \phi + i\psi$ を定義します．

このとき，コーシー・リーマンの方程式を導いたときと同様にして，

$$\frac{dw}{dz} = \frac{\partial \phi}{\partial x} + \frac{\partial \psi}{\partial x}i = \frac{\partial \phi}{i \partial y} + \frac{\partial \psi}{\partial y} = \frac{\partial \psi}{\partial y} - i\frac{\partial \phi}{\partial y}$$

が得られます．この実部を u，虚部を $-v$ とおくと，

$$\frac{\partial \phi}{\partial x} = \frac{\partial \psi}{\partial y} = u \qquad \frac{\partial \phi}{\partial y} = -\frac{\partial \psi}{\partial x} = v$$

となるので，これらを先に示した式に代入すると，

$$\frac{\partial^2 \phi}{\partial x^2} + \frac{\partial^2 \phi}{\partial y^2} = 0 \qquad \frac{\partial^2 \psi}{\partial x^2} + \frac{\partial^2 \psi}{\partial y^2} = 0$$

が導かれ，ϕ, ψ は 2 次元のラプラス方程式を満たしていることが分かります．このとき，ϕ を**速度ポテンシャル**，ψ を**流れの関数**と呼びます．

さらに，正則な複素関数 $w = \phi + i\psi$ を**複素速度ポテンシャル**といいます．

ここで，ϕ が一定となる (x,y) を**等ポテンシャル線**，ψ が一定となる (x,y) を**流線**といい，これらは等角写像の関係により，互いに直交しています．

なお，2 次元の場合，$\mathrm{grad} = \dfrac{\partial}{\partial x}\boldsymbol{p} + \dfrac{\partial}{\partial y}\boldsymbol{q}$ を**勾配**と呼び，

$$\mathrm{grad}\phi = \frac{\partial \phi}{\partial x}\boldsymbol{p} + \frac{\partial \phi}{\partial y}\boldsymbol{q} = u\boldsymbol{p} + v\boldsymbol{q} = \boldsymbol{f}$$

の関係が成立します．すなわち，

$$\frac{dw}{dz} = \frac{\partial \phi}{\partial x} + \frac{\partial \psi}{\partial x}i = \frac{\partial \psi}{\partial y} - i\frac{\partial \phi}{\partial y} = u - iv = \overline{f(z)}$$

となり，

$$f(z) = u + iv = \overline{\left(\frac{dw}{dz}\right)}$$

を**複素速度**と呼びます．また，流れの速度の大きさは，以下のように求められます．

$$|\boldsymbol{f}| = \sqrt{u^2 + v^2} = \left|\frac{dw}{dz}\right|$$

調和関数のイメージ

ある領域 D で正則となる複素関数は，その実部と虚部の間に，強い制約条件が課されており，実部と虚部がそれぞれ共役な調和関数となります．

以下，その調和関数のイメージを探ってみましょう．

領域 D で正則となる複素関数の実部が，例えば地形の高度を表すものとします．すなわち，複素変数 z が水平に置かれた平面上の座標 (x,y)，複素関数の実部がその高さ h となります．高さが一定となるような変数 z を求め，これを z 平面上にプロットすると，ある曲線群を構成します．これが等ポテンシャル線であり，地図の等高線に相当します．

一方，関数の虚部は流れ（勾配が最大となる向き）を表しており，その値が一定となる変数 z を同様にプロットすると，流線と呼ばれる曲線群となります．これら 2 種類の曲線群は，その交点の近傍で互いに直交します．

例えば山の斜面にボールを静かに置くと，等高線と直交する向きに転がり落ちてゆきます．流線は，そのボールの軌跡に相当し，等高線と直交することが感覚的に理解できると思います．

このように，ある領域で正則となる複素関数では，実部（等高線）が定まれば虚部（ボールが転がり落ちる軌跡）は定数項を除いて，自動的に確定するという性質があります．

なお，ある領域 D で正則となる複素関数に虚数単位 i を乗じると，その実部と虚部が入れ替わり，実部に $-$（マイナス）の符号が付け加わります．その関数も D において正則となるので，速度ポテンシャルと流れの関数は，本質的に対等な共役という関係にあることが分かります．

7 章で述べる複素積分において，正則な領域では湧き出しなどが存在しないので，ある限定された領域に流入する量と流出する量は必ず等しくなります．この性質は，正則な領域内の任意の閉曲線に沿って積分すると 0 になるというコーシーの積分定理が成立する要件になるものと考えられます．

例題 1

複素速度ポテンシャルが $w = z^2$ の **2 次元流**における流れの関数 ψ と，複素速度 $f(z)$ を求めなさい．

複素速度ポテンシャル w に $z = x + iy$ を代入すると，次式が得られます．

$$w = z^2 = (x + iy)^2 = (x^2 - y^2) + i2xy = \phi + i\psi$$

これより，速度ポテンシャル $\phi = x^2 - y^2$，流れの関数 $\psi = 2xy$ が定まり，これらの 3 次元形状は，**図 5-3** の上のようになります．

なお，この曲面は**図 2-6** の第 1 象限（$x \geq 0, y \geq 0$）の部分を切り出したものですが，それらを重ね合わせた後，等高線を上方向から観測すると，下の図に緑と青で示す互いに直交する双曲線群が得られます．

次に，複素速度ポテンシャル w を z で微分すると，

$$\frac{dw}{dz} = \frac{d}{dz}z^2 = 2z = 2x + i2y$$

となり，図の中央に示すように，実部は x 方向の勾配が 2 となる平面，虚部は y 方向の勾配が 2 となる平面で表されます．

最後に上式の複素共役をとると，虚部の $\pm$ の符号が反転し，複素速度 $f(z)$ は，次のように求められます．

$$f(z) = \overline{\left(\frac{dw}{dz}\right)} = 2x - i2y$$

これを表示すると，図の下に示す赤いベクトルのようになります．

なお，速度ベクトル $\boldsymbol{f}$ については，

$$\frac{\partial \phi}{\partial x} = 2x \qquad \frac{\partial \phi}{\partial y} = -2y$$

より，

$$\boldsymbol{f} = \text{grad } \phi = \frac{\partial \phi}{\partial x}\boldsymbol{p} + \frac{\partial \phi}{\partial y}\boldsymbol{q} = 2x\boldsymbol{p} - 2y\boldsymbol{q}$$

のように求めることもできます．

5.1 正則関数と 2 次元流

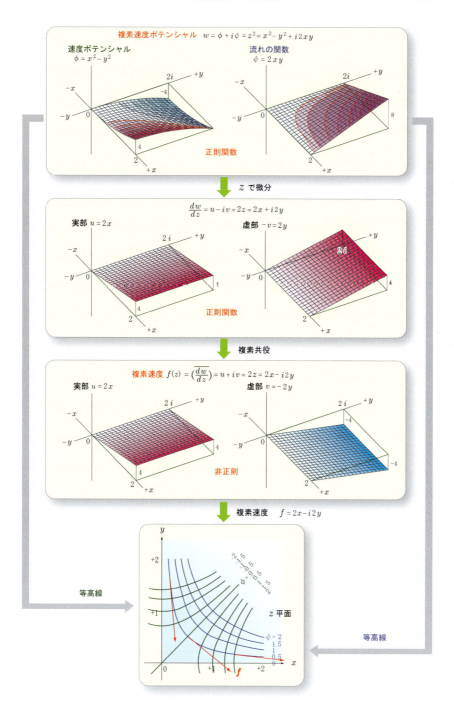

図 **5-3** 複素速度ポテンシャル $w = z^2$ の 2 次元流

例題 2 複素速度ポテンシャルが $w = z^3$ の **2 次元流**における流れの関数 ψ と，複素速度 $f(z)$ を求めなさい．

複素速度ポテンシャル w に $z = x + iy$ を代入すると，

$$w = z^3 = (x+iy)^3 = (x^3 - 3xy^2) + i(3x^2y - y^3) = \phi + i\psi$$

となるので，速度ポテンシャル $\phi = x^3 - 3xy^2$，流れの関数 $\psi = 3x^2y - y^3$ が得られます．

これらの 3 次元形状は図 **5-4** の上のようになります．

なお，これらは図 **2-13** の第 1 象限 $(x \geq 0, y \geq 0)$ の部分を切り出したものですが，それらを重ねて等高線を上から眺めると，下の図に示す緑と青の曲線群になります．

次に，複素速度ポテンシャル w を z で微分すると，

$$\frac{dw}{dz} = \frac{d}{dz}z^3 = 3z^2 = 3(x+iy)^2 = 3(x^2 - y^2) + i6xy$$

となり，図の中央に示す曲面で表されます．

最後に上式の複素共役をとると，虚部の $\pm$ の符号が反転し，複素速度 $f(z)$ は，

$$f(z) = \overline{\left(\frac{dw}{dz}\right)} = 3\overline{z^2} = 3(x^2 - y^2) - i6xy$$

のようになり，図の下に示す赤いベクトルで表されます．

一方，速度ベクトル $\boldsymbol{f}$ については，

$$\frac{\partial \phi}{\partial x} = 3(x^2 - y^2) \qquad \frac{\partial \phi}{\partial y} = -6xy$$

より，

$$\boldsymbol{f} = \operatorname{grad} \phi = \frac{\partial \phi}{\partial x}\boldsymbol{p} + \frac{\partial \phi}{\partial y}\boldsymbol{q} = 3(x^2 - y^2)\boldsymbol{p} - 6xy\boldsymbol{q}$$

のようになります．

5.1 正則関数と 2 次元流

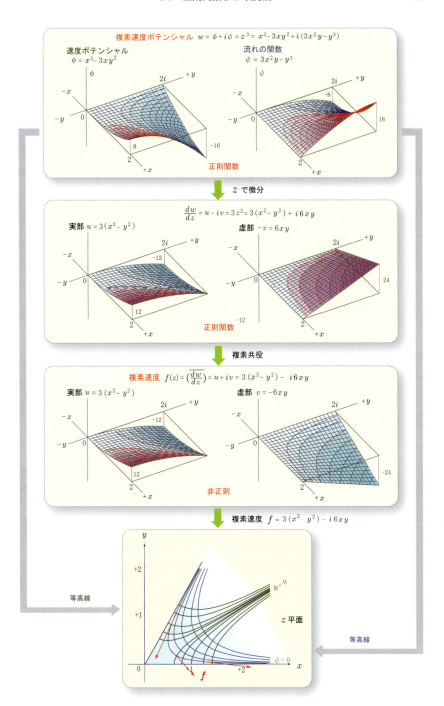

図 **5-4** 複素速度ポテンシャル $w = z^3$ の 2 次元流

例題 3 複素速度ポテンシャルが $w = z + \frac{1}{z}$ の 2 次元流における流れの関数 ψ と，複素速度 $f(z)$ を求めなさい．

複素速度ポテンシャル w に $z = x + iy$ を代入すると，

$$w = z + \frac{1}{z} = x + \frac{x}{x^2 + y^2} + i\left(y - \frac{y}{x^2 + y^2}\right) = \phi + i\psi$$

となるので，速度ポテンシャル $\phi = x + \frac{x}{x^2+y^2}$，流れの関数 $\psi = y - \frac{y}{x^2+y^2}$ より，その 3 次元形状は図 5-5 の上のようになります．なお，これらは $w_1 = z$ で表される実部と虚部の勾配がそれぞれ 1 となる 2 つの平面と，先に図 2-1 で示した $w_2 = \frac{1}{z}$ の形状を重ね合わせたものになっています．

ここで，速度ポテンシャルと流れの関数を重ね合わせ，それらの等高線を上から眺めると，図 5-6 の緑と青で示す互いに直交する曲線群が得られます．なお，$|z| > 1$ となる単位円の外側の部分が 2 次元流を表しており，その内側は湧き出し点や吸い込み点に相当する極があるので，一般には無視して差し支えありません．

次に，複素速度ポテンシャル w を z で微分すると，

$$\frac{dw}{dz} = \frac{d}{dz}\left(z + \frac{1}{z}\right) = 1 - \frac{1}{z^2} = 1 - \frac{x^2 - y^2}{(x^2 + y^2)^2} + i\frac{2xy}{(x^2 + y^2)^2}$$

となり，図の中央に示す曲面で表されます．

最後に上式の複素共役をとると，虚部の $\pm$ の符号が反転し，複素速度 $f(z)$ は，

$$f(z) = \overline{\left(\frac{dw}{dz}\right)} = 1 - \frac{x^2 - y^2}{(x^2 + y^2)^2} - i\frac{2xy}{(x^2 + y^2)^2}$$

のようになり，図 5-6 の赤いベクトルで表されます．

一方，複素ベクトル $\boldsymbol{f}$ については，

$$\frac{\partial \phi}{\partial x} = 1 - \frac{x^2 - y^2}{(x^2 + y^2)^2} \qquad \frac{\partial \phi}{\partial y} = -\frac{2xy}{(x^2 + y^2)^2}$$

より，次式が導かれます．

$$\boldsymbol{f} = \text{grad}\,\phi = \frac{\partial \phi}{\partial x}\boldsymbol{p} + \frac{\partial \phi}{\partial y}\boldsymbol{q} = \left\{1 - \frac{x^2 - y^2}{(x^2 + y^2)^2}\right\}\boldsymbol{p} - \frac{2xy}{(x^2 + y^2)^2}\,\boldsymbol{q}$$

5.1 正則関数と2次元流

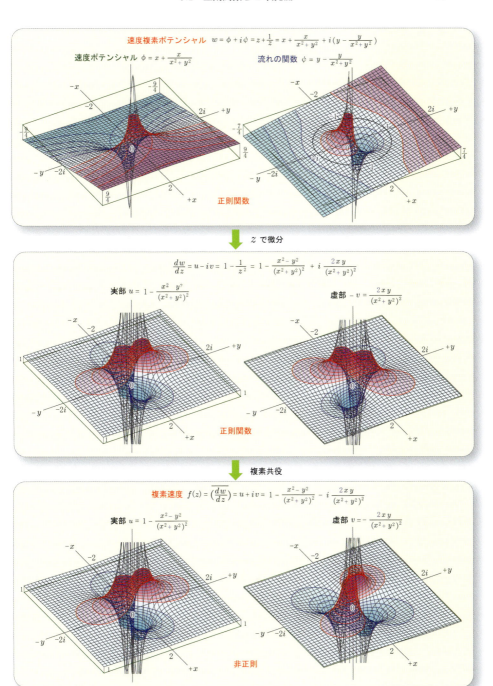

図 5-5　複素速度ポテンシャル $w = z + \dfrac{1}{z}$ の2次元流（その1）

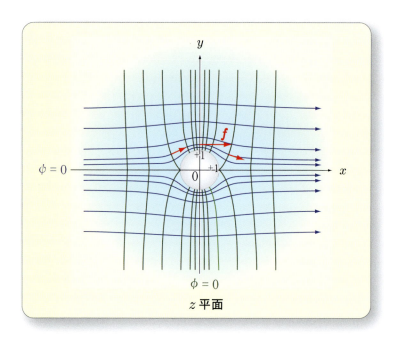

図 **5-6** 複素速度ポテンシャル $w = z + \frac{1}{z}$ の 2 次元流（その 2）

5.2 演習問題

5-1 2 次元流における複素速度ポテンシャルが以下の式で与えられる流れの関数 ψ と，複素速度 $f(z)$ を求めなさい．ただし，a を正の実数とします．

(1) $w = \dfrac{1}{z}$

(2) $w = a \log z$

(3) $w = ia \log z$

第6章
ベキ級数とテイラー展開

　ベキ級数は，4章で述べた整式の項数を無限大に拡張したものであり，一定の値に収束したり発散したりします．このベキ級数が一定の値に収束するとき，その収束円の内部で正則な関数を表し，逆にある領域において正則な関数は，その内の任意の点で無限回微分可能であり，その点を中心とするベキ級数に展開することができます．この操作をテイラー展開と呼び，正則関数とベキ級数の間を結びつける極めて重要な手法に位置付けられます．

6.1　関数列の収束

　領域 D で定義された関数 $f_n(z)$ の列として，
$$f_1(z), f_2(z), \cdots, f_n(z), \cdots$$
が与えられたとき，これを数列と同じように $\{f_n(z)\}$ で表します．ここで，D 内のあらゆる z について，
$$f(z) = \lim_{n \to \infty} f_n(z)$$
を満たす関数 $f(z)$ が存在するとき，関数列 $\{f_n(z)\}$ は**領域 D において収束**するといい，D で定義された $f(z)$ を $\{f_n(z)\}$ の**極限関数**と呼びます．

　このとき，$f_n(z)$ の性質がそのままの形で $f(z)$ に受け継がれるとは限りません．例えば，
$$f_n(z) = \frac{1}{(1+|z|)^n}$$
はすべての z において連続となりますが，
$$f(z) = \lim_{n \to \infty} f_n(z) = \begin{cases} 1 & (z = 0 \text{ のとき}) \\ 0 & (z \neq 0 \text{ のとき}) \end{cases}$$
となり，$z = 0$ で不連続となっています．

このように，関数列とその極限関数の性質を論ずる場合は，より制約の強い収束条件により規定する必要があります．それが，次に示す**一様収束**という条件です．ここで，再度収束の定義を示します．

任意の $\varepsilon > 0$ について，$n \geq n_0$ のとき $|f_n(z) - f(z)| < \varepsilon$ を満たすような正の整数 n_0 が存在する

一般には，z の値により上の収束条件を満たす整数 n_0 の値は変化します．すなわち，z により収束する速度が異なりますが，領域 D 内のあらゆる z について，同じ速度で収束する場合があります．すなわち z によらず，ある ε と n_0 について $|f_n(z) - f(z)| < \varepsilon$ が成立するとき，

「関数列 $\{f_n(z)\}$ は，領域 D において**一様収束**する」

と表現します．

また，一様収束の条件を少し緩和し，領域 D に含まれる任意の**有界閉領域**で一様収束となるとき，

「関数列 $\{f_n(z)\}$ は，領域 D において**広義に一様収束**する」

といいます．

例題 1　関数列の $f_n(z) = z^n$ について，$|z| < 1$ のとき
(1) $f(z) = \lim_{n \to \infty} f_n(z)$ を求めなさい．
(2) $f_n(z)$ は，$|z| < 1$ において一様収束しないことを示しなさい．
(3) δ を 1 より小さい正数として，$f_n(z)$ は，領域 $|z| \leq 1 - \delta$ において $f(z)$ に広義に一様収束することを示しなさい．

---

(1) $|z| < 1$ のとき $f(z) = \lim_{n \to \infty} z^n = 0$ となります．

(2) ある実数 $\varepsilon > 0$，整数 $n \geq n_0$ について，$|f(z) - f_n(z)| < \varepsilon$ を満たす n_0 が存在しないことを示します．

$f_n(z) = z^n$ および (1) の結果より,

$$|f_n(z) - f(z)| = |z^n - 0| = |z|^n < \varepsilon$$

のようになり, $|z| < 1$ かつ $z \neq 0$ のとき,

$$\left(\frac{1}{|z|}\right)^n > \frac{1}{\varepsilon} > 1$$

が導かれます. ここで, $x > 1$ において $\log x > 0$ かつ単調増加関数となるので, 上式の自然対数をとることにより,

$$n > \frac{\log \frac{1}{\varepsilon}}{\log \frac{1}{|z|}}$$

が成立します. ここで $|z| \to 1$ のとき, 上式の右辺は $+\infty$ に発散するので, z によらず $n \geqq n_0$ を満たす n_0 は存在しないことが分かります. これより, 関数列の $f_n(z)$ は一様収束しないことが示されました.

(3) $1 > \delta > 0$ のとき, $|z| \leqq 1 - \delta$ は有界閉領域となります. このとき,

$$\frac{\log \frac{1}{\varepsilon}}{\log \frac{1}{|z|}} \leqq \frac{\log \frac{1}{\varepsilon}}{\log \frac{1}{1-\delta}}$$

より, 上式の右辺から整数 n_0 が確定します.

すなわち, $n \geqq n_0$ となる n について, $|f_n(z) - f(z)| = |z|^n < \varepsilon$ が成立することが分かります.

ここで, n_0 の値は z によらないので, 関数列の $\{f_n(z)\}$ は $f(z)$ に広義に一様収束することが示されました.

このとき, 次の定理が成立します.

定理

領域 D において定義された連続関数 $f_n(z)$ について, 関数列の $\{f_n(z)\}$ が $f(z)$ に (広義に) 一様収束するとき, $f(z)$ は D において連続となる.

6.2 関数項をもつ無限級数の収束

領域 D において定義された関数列 $\{f_n(z)\}$ を用いて,関数項をもつ無限級数

$$\sum_{n=0}^{\infty} f_n(z) = f_0(z) + f_1(z) + f_2(z) + \cdots$$

を定義します.はじめに,n 項までの部分和 $s_n(z)$ を次のように規定します.

$$s_n(z) = \sum_{k=0}^{n} f_k(z) = f_0(z) + f_1(z) + f_2(z) + \cdots + f_n(z)$$

この部分和から関数列 $\{s_n(z)\}$ を求め,これが $s(z)$ に収束するとき,

$$\text{関数項をもつ無限級数} \sum_{n=0}^{\infty} f_n(z) \text{ は } s(z) \text{ に収束する}$$

と表現します.同様にして,$\{s_n(z)\}$ が(広義に)一様収束するとき,

$$\text{無限級数} \sum_{n=0}^{\infty} f_n(z) \text{ は } s(z) \text{ に(広義に)一様収束する}$$

のように表します.

このとき,次の定理が成立します.

定理

関数 $f_n(z)$ が領域 D において正則であり,無限級数 $\sum_{n=0}^{\infty} f_n(z)$ が $s(z)$ に広義に一様収束するとき,$s(z)$ は D において連続となる.

次で述べるベキ級数はこの広義の一様収束の条件を満たしており,項別微分や項別積分などが可能となります.

6.3 ベキ級数とその性質

複素数の定数を $c_n(n = 0, 1, 2, \cdots)$ として，

$$f(z) = c_0 + c_1(z - a) + c_2(z - a)^2 + \cdots + c_n(z - a)^n + \cdots$$

の式で表される無限級数を**ベキ級数**あるいは**整級数**といいます．
　ここで，$a = 0$ のとき中心となる $z = a$ が原点に移動し，次式が得られます．

$$f(z) = c_0 + c_1 z + c_2 z^2 + \cdots + c_n z^n + \cdots$$

説明を簡略化するため，当面**ベキ級数**には，この式を用いることにします．このベキ級数は次に示すように，一定の値に収束したり発散したりします．

(1) 0 以外の z について，発散する．
(2) 無限遠点を除くすべての z について，収束する．
(3) ある正数を r として，
　　$|z| > r$ のとき発散し，
　　$|z| < r$ のとき収束する．

ここで，$|z| = r$ で表される円を**収束円**，r を**収束半径**と呼びます．
　この収束半径 r は，以下に示す**ダランベール (d'Alembert)** の手法により求めることができます．

$$r = \lim_{n \to \infty} \left| \frac{c_n}{c_{n+1}} \right|$$

なお，$|z| = r$ の収束円上における $f(z)$ の値は不定となり，ベキ級数の種類や z の値により収束したり発散したりします．ときに振動を繰り返すことがありますが，一般にはこの振動も発散に含めます．
　ここで，はじめのテイラー展開の式において $c_0 = 0$ のとき $f(a) = 0$ となり，$z = a$ を $f(z)$ の**零点**と呼びます．さらにある正の整数 k について $c_k \neq 0$ であり，$n < k$ となる n について $c_n = 0$ が成立するとき，すなわち，

$$f(z) = c_k (z-a)^k + c_{k+1} (z-a)^{k+1} + c_{k+2} (z-a)^{k+2} + \cdots$$

のように表されるとき，$z = a$ を $f(z)$ の **k 位の零点**と称します．

例題 2 **(1) の例** $f_1(z) = 1 + 1!z + 2!z^2 + \cdots + n!z^n + \cdots$

$f_1(0) = 1$ となりますが，収束半径の r については，
$$r = \lim_{n \to \infty} \frac{n!}{(n+1)!} = \lim_{n \to \infty} \frac{1}{n+1} = 0$$
より，$z \neq 0$ において $f_1(z)$ は発散します.

例題 3 **(2) の例** $f_2(z) = 1 + \dfrac{z}{1!} + \dfrac{z^2}{2!} + \cdots + \dfrac{z^n}{n!} + \cdots = e^z$

$$r = \lim_{n \to \infty} \frac{(n+1)!}{n!} = \lim_{n \to \infty} (n+1) = \infty$$
より収束半径は ∞ となり，無限遠点を除くあらゆる z について収束します.

例題 4 **(3) の例** $f_3(z) = 1 + z + z^2 + \cdots + z^n + \cdots$

$f_3(z)$ は初項が 1，公比が z の**等比級数**となります.

一般に，初項 a，公比 t の等比級数において，第 n 項までの総和 S_n は，
$$S_n - tS_n = a - at^n$$
となることから，$t \neq 1$ のとき，
$$S_n = \frac{a(1 - t^n)}{1 - t}$$
となります．これより $|t| < 1$ のとき，次式が成立します.
$$\lim_{n \to \infty} S_n = \frac{a}{1 - t}$$
この式は初項や公比が複素数であっても成立するので，$|z| < 1$ のとき $f_3(z)$ は次のように求められます.

$$f_3(z) = \frac{1}{1-z}$$

ここで収束半径 $r = 1$ となり，$|z| < 1$ において収束し，$|z| > 1$ で発散します．なお，$z = 1$ のとき，$f_3(z)$ は $n \to \infty$ において $+\infty$ に発散します．

一方，$z = -1$ のとき，$+1$ と 0 の間で振動を繰り返しますが，これも一種の発散とみなします．

例題 5　　(3) の例　$f_4(z) = 1 + z + \frac{1}{2}z^2 + \cdots + \frac{1}{n}z^n + \cdots$

$$r = \lim_{n \to \infty} \frac{n+1}{n} = 1$$

より収束半径は 1 となり，$|z| < 1$ において収束し，$|z| > 1$ で発散します．

なお，$|z| = 1$ では発散したり収束したりします．例えば $z = 1$ のとき，

$$f_4(1) = 1 + 1 + \frac{1}{2} + \frac{1}{3} + \frac{1}{4} + \cdots > 1 + 1 + \frac{1}{2} + \left(\frac{1}{4} + \frac{1}{4}\right) + \cdots$$

のように，$\frac{1}{3} \to \frac{1}{4}$，$\frac{1}{5}, \frac{1}{6}, \frac{1}{7} \to \frac{1}{8}$ に置き換えて小さめに見積もっても，(カッコ) で示す $\frac{1}{2}$ の部分和が無限に続くので $+\infty$ に発散することが分かります．一方 $z = -1$ のとき，

$$f_4(-1) = 1 - 1 + \frac{1}{2} - \frac{1}{3} + \frac{1}{4} - \frac{1}{5} + \cdots = \frac{1}{6} + \frac{1}{20} + \frac{1}{42} + \cdots$$

となり，$0.30685\cdots$ という値に収束するように見えますが，その詳細については，次のコラムで説明します．

ところで，$f_4(z)$ を変数の z で微分すると，

$$\frac{d}{dz}f_4(z) = 1 + z + z^2 + \cdots + z^n + \cdots = f_3(z)$$

となり，**例題 4** の $f_3(z)$ に等しいことが分かります．

また，$f_3(z)$ と $f_4(z)$ の収束域は，いずれも $|z| < 1$ となっています．

これらは，ベキ級数を微分してもその収束域が変わらない性質を示唆しており，次に示す**定理 2** において，ダランベールの式から明らかになります．

条件収束級数とリーマンの定理について

例題5の$f_4(-1)$のように，そのままでは収束するが，各項の絶対値をとると発散する場合があります．このような関数を**条件収束級数**といい，次に示す**リーマン (Riemann) の定理**が成立します．

> 条件収束級数は，それらの項の順序を入れ替えることにより，
> 和の値が異なったり，発散することがある．

例えば，$f_4(-1)$の連続する負項と正項の部分和を先に計算すると，以下のようになります．

$$f_4(-1) = 1-\left(1-\frac{1}{2}\right)-\left(\frac{1}{3}-\frac{1}{4}\right)-\left(\frac{1}{5}-\frac{1}{6}\right)-\cdots$$
$$= 1-\frac{1}{2}-\frac{1}{12}-\frac{1}{30}-\cdots$$

一方，1つの負項と2つの正項の部分和を先に求めると，

$$f_4(-1) = 1-1+\left(\frac{1}{2}+\frac{1}{4}\right)-\frac{1}{3}+\left(\frac{1}{6}+\frac{1}{8}\right)-\cdots$$
$$= 1-\frac{1}{4}-\frac{1}{24}-\frac{1}{60}-\cdots$$

となります．これらの第2項以降には2倍の違いがあり，それぞれ異なる値に収束することが分かります．

このようなベキ級数$f(z) = c_0 + c_1 z + c_2 z^2 + \cdots + c_n z^n + \cdots$について，次の定理が成立します．

定理 1

ベキ級数が $z = z_0$ のとき収束すれば,$|z| < |z_0|$ を満たすすべての z について**絶対収束**する.なお絶対収束とは,各係数の絶対値をとった $\sum_{n=0}^{\infty} |c_n| z^n$ が収束することである.

定理 2

収束円内の点 z について,$f(z)$ はこの収束円上で定義された正則なベキ級数となり,**項別微分**することができる.すなわち,

$$f'(z) = c_1 + 2c_2 z + 3c_3 z^2 + \cdots + nc_n z^{n-1} + \cdots$$

となり,その収束半径 r' は,$f(z)$ の収束半径 r に等しい.

なお,定理 2 における $f'(z)$ の収束半径 r' は,ダランベールの式より,

$$r' = \lim_{n \to \infty} \left| \frac{nc_n}{(n+1)c_{n+1}} \right| = \lim_{n \to \infty} \left| \frac{n}{n+1} \right| \left| \frac{c_n}{c_{n+1}} \right| = \lim_{n \to \infty} \left| \frac{c_n}{c_{n+1}} \right| = r$$

のように導かれます.同様にして,n 次の導関数 $f^{(n)}(z)$ は,

$$f^{(n)}(z) = n! \, c_n + \frac{(n+1)!}{1!} c_{n+1} z + \frac{(n+2)!}{2!} c_{n+2} z^2 + \cdots$$

となります.これより収束半径 $r^{(n)}$ は,

$$r^{(n)} = \lim_{m \to \infty} \left| \frac{(n+m)! \, (m+1)! \, c_{n+m}}{(n+m+1)! \, m! \, c_{n+m+1}} \right|$$

$$= \lim_{m \to \infty} \left| \frac{m+1}{n+m+1} \right| \left| \frac{c_{n+m}}{c_{n+m+1}} \right| = \lim_{k \to \infty} \left| \frac{c_k}{c_{k+1}} \right| = r$$

となります.

すなわち,ベキ級数 $f(z)$ は無限回微分可能であり,それらの導関数の収束半径は,いずれも $f(z)$ の収束半径 r に等しいことが分かります.

6.4 テイラー展開

定理 2 より，ベキ級数 $f(z)$ はその収束円内で，何回でも項別微分可能となることが示されました．例えば $z=0$ で $f(z)$ が正則となるとき，以下の式が導かれます．

$$f(z) = c_0 + c_1 z + c_2 z^2 + \cdots + c_n z^n + \cdots$$
$$f'(z) = c_1 + 2c_2 z + 3c_3 z^2 + \cdots + nc_n z^{n-1} + \cdots$$
$$f''(z) = 2c_2 + 3 \cdot 2c_3 z + \cdots + n \cdot (n-1)c_n z^{n-2} + \cdots$$
$$f^{(n)}(z) = n!\, c_n + \frac{(n+1)!}{1!}\, c_{n+1} z + \frac{(n+2)!}{2!}\, c_{n+2} z^2 + \cdots$$

ここで $z=0$ とおくと，以下の式が成立します．

$$f(0) = c_0 \qquad\qquad f'(0) = c_1$$
$$f''(0) = 2!\, c_2 \qquad\qquad f^{(n)}(0) = n!\, c_n$$

これらから c_n を求め $f(z)$ の式に代入すると，次に示す**マクローリン (Maclaurin) 級数**が導かれます．また，これらの操作を**マクローリン展開**といいます．

$$f(z) = f(0) + \frac{f'(0)}{1!} z + \frac{f''(0)}{2!} z^2 + \cdots + \frac{f^{(n)}(0)}{n!} z^n + \cdots$$

ここで，このベキ級数の**収束半径**は，$z=0$ に最も近い $f(z)$ の**孤立特異点**までの距離となります．

なお，上式は $z=0$ を中心に展開していますが，$z=a$ を中心に展開すると，次に示す**テイラー (Taylor) 級数**が得られ，この操作を**テイラー展開**と呼びます．

$$f(z) = f(a) + \frac{f'(a)}{1!}(z-a) + \frac{f''(a)}{2!}(z-a)^2 + \cdots + \frac{f^{(n)}(a)}{n!}(z-a)^n + \cdots$$

なお，収束半径は $z=a$ からこれに最も近い $f(z)$ の**孤立特異点**までの距離となります．

テイラー展開のイメージ

ここでは，テイラー展開の具体的なイメージを探ってみましょう．

先に **3章** で述べたように，複素関数 $f(z)$ の $z=a$ における微分 $f'(a)$ は，

$$\lim_{z \to a} \frac{f(z) - f(a)}{z - a} = f'(a)$$

で与えられます．なお，**5章** の等角写像で示したように，$z=a$ を中心とする微小な直交座標系は，$f(a)$ を中心とする微小な直交座標系に 1 対 1 に対応しており，**図 6-1** に示すように，1 次導関数 $f'(a)$ の絶対値と偏角は，2 つの微小な座標系の拡大・縮小率とねじれの回転角に対応しています．

ここで，z が a から距離をおくと，

$$f(z) \fallingdotseq f(a) + f'(a)(z-a)$$

のような近似式となり，一般には等号の $=$ は成立しません．

なお，z が a から離れても等号が成立する条件は，$f'(a)$ が変数 z によらない定数 A となることであり，これを z で積分することにより，C を定数として $f(z) = Az + C$ のように求められます．

このように，**2章** で紹介した一般的な複素関数の場合，先に示した式において等号 $=$ は成立せず，$\fallingdotseq$ を用いた近似式になります．

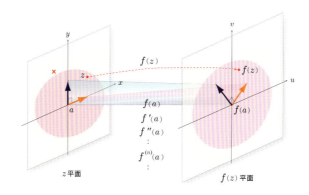

図 6-1 テイラー展開のイメージ (1)

先の式で等号 = を成立させるためには，2 次導関数 $f''(a)$ やさらに高次の導関数の影響を考慮する必要があり，**テイラー展開**は，$z = a$ におけるこれらの値から，その周辺における関数値 $f(z)$ を求める操作と考えることができます．

すなわち，図 **6-2** に示すように，$f(z) - f(a)$ の値は $(z - a)$ のベキ級数により表され，n を 1 以上の整数として，n 次の係数が $\frac{f^{(n)}(a)}{n!}(z-a)^n$ で与えられることを示しています．

正則な複素関数は，その領域全体が調和のある秩序で充たされており，領域内の任意の 2 点の間にも，ある法則に基づく精妙な相互作用が働いていると考えられます．**テイラー展開**は，その 1 つの表れと言えるでしょう．

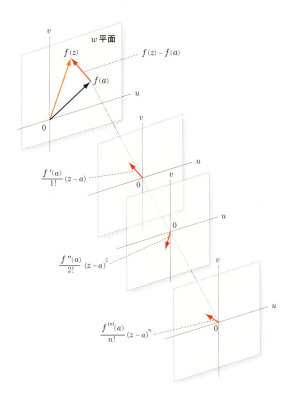

図 **6-2** テイラー展開のイメージ (2)

6.4 テイラー展開

例題 6 (1) $f(z) = e^z$ をマクローリン展開し，その級数が収束する条件を示しなさい．
(2) 同じ $f(z)$ について，$z = a$ を中心にテイラー展開し，その級数が収束する条件を示しなさい．

指数関数 e^z の定義

$$f(z) = e^z = 1 + \frac{1}{1!}z + \frac{1}{2!}z^2 + \cdots + \frac{1}{n!}z^n + \cdots$$

より，1次導関数 $f'(z) = e^z$ が得られます．同様に，n 次の導関数についても，$f^{(n)}(z) = e^z$ となります．

(1) 指数関数の導関数の式において $z = 0$ とおくと

$$f(0) = f'(0) = f^{(n)}(0) = e^0 = 1$$

これより，以下の式が導かれます．

$$f(z) = \sum_{n=0}^{\infty} \frac{f^{(n)}(0)}{n!} z^n = 1 + z + \frac{1}{2!}z^2 + \frac{1}{3!}z^3 + \cdots$$

$f(z)$ の**収束半径**は ∞ となり，$|z| < \infty$ となるすべての z について収束します．なお，上式の右辺は e^z の定義式そのものです．

(2) 指数関数の導関数の式において $z = a$ とおくと，

$$f(a) = f'(a) = f^{(n)}(a) = e^a$$

これより，

$$f(z) = \sum_{n=0}^{\infty} \frac{f^{(n)}(a)}{n!} (z-a)^n$$

$$= e^a + e^a(z-a) + e^a \frac{1}{2!}(z-a)^2 + e^a \frac{1}{3!}(z-a)^3 + \cdots$$

$$= e^a \left\{ 1 + (z-a) + \frac{1}{2!}(z-a)^2 + \frac{1}{3!}(z-a)^3 + \cdots \right\}$$

が導かれます．なお，$f(z)$ の**収束半径**は ∞ となり，$|z| < \infty$ となるすべての z について収束します．ここで，上式の {} の中は，指数関数の定義より e^{z-a} に等しくなるため，以下の式が成立します．

$$f(z) = e^a \, e^{z-a} = e^z$$

例題 7

(1) 関数 $f(z) = \dfrac{1}{1-z}$ をマクローリン展開し，その収束半径 r_1 を求めなさい．

(2) $f(z)$ を $z = \dfrac{1}{2}$ を中心にテイラー展開し，その収束半径 r_2 を求めなさい．

(3) $f(z)$ を $z = a$ を中心にテイラー展開し，その収束半径 r_3 を求めなさい．ただし，$a \neq 1$ とします．

はじめに，$z \neq 1$ として，$f(z)$ の導関数を求めます．

$$f'(z) = \frac{1}{(1-z)^2}$$

$$f''(z) = \frac{2 \cdot 1}{(1-z)^3}$$

$$f^{(n)}(z) = \frac{n!}{(1-z)^{n+1}}$$

(1) $f(z)$ の n 次の導関数において，$z = 0$ とおくと，

$$f(0) = 1$$

$$f'(0) = \frac{1}{(1-z)^2}\bigg|_{z=0} = 1$$

$$f''(0) = \frac{2 \cdot 1}{(1-z)^3}\bigg|_{z=0} = 2!$$

$$f^{(n)}(0) = \frac{n!}{(1-z)^{n+1}}\bigg|_{z=0} = n!$$

これより，以下の式が導かれます．

$$f(z) = \sum_{n=0}^{\infty} \frac{f^{(n)}(0)}{n!} z^n = \sum_{n=0}^{\infty} z^n = 1 + z + z^2 + z^3 + \cdots$$

この無限等比級数は，公比 z の絶対値が 1 以下のとき収束し，

$$f(z) = \frac{1}{1-z}$$

が得られます．なお，**収束半径** r_1 は，$z = 0$ から**孤立特異点** $z = 1$ までの距離 1 となり，**収束円**は $|z| = 1$ となります．

(2) $f(z)$ の n 次の導関数において，$z = \frac{1}{2}$ とおくと，

$$f(\tfrac{1}{2}) = 2$$
$$f'(\tfrac{1}{2}) = \frac{1}{(1-z)^2}\bigg|_{z=\frac{1}{2}} = 2^2$$
$$f''(\tfrac{1}{2}) = \frac{2 \cdot 1}{(1-z)^3}\bigg|_{z=\frac{1}{2}} = 2!\,2^3$$
$$f^{(n)}(\tfrac{1}{2}) = \frac{n!}{(1-z)^{n+1}}\bigg|_{z=\frac{1}{2}} = n!\,2^{n+1}$$

これより，

$$f(z) = \sum_{n=0}^{\infty} \frac{f^{(n)}(\tfrac{1}{2})}{n!}\left(z - \frac{1}{2}\right)^n$$
$$= 2 + 2^2\left(z - \frac{1}{2}\right) + 2^3\left(z - \frac{1}{2}\right)^2 + 2^4\left(z - \frac{1}{2}\right)^3 + \cdots$$

が得られます．この無限等比級数は公比 $2\left(z - \frac{1}{2}\right)$ の絶対値が 1 以下のとき収束し，

$$f(z) = \frac{2}{1 - 2(z - \frac{1}{2})} = \frac{1}{1-z}$$

が導かれます．なお，収束半径 r_2 は $z = \frac{1}{2}$ から孤立特異点 $z = 1$ までの距離 $\frac{1}{2}$ となり，収束円は図 **6-3** に示すように，$|z - \frac{1}{2}| = \frac{1}{2}$ で表されます．

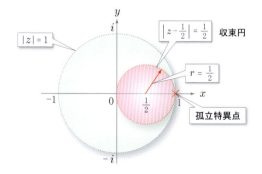

図 **6-3** $z = \frac{1}{2}$ を中心とするテイラー展開とその収束円 $|z - \frac{1}{2}| = \frac{1}{2}$

(3) $f(z)$ の n 次の導関数において，$z = a$ とおくと，
$$f(a) = \frac{1}{1-a}$$
$$f'(a) = \frac{1}{(1-a)^2}$$
$$f''(a) = \frac{2 \cdot 1}{(1-a)^3}$$
$$f^{(n)}(a) = \frac{n!}{(1-a)^{n+1}}$$

これより，
$$f(z) = \sum_{n=0}^{\infty} \frac{f^{(n)}(a)}{n!} (z-a)^n$$
$$= \frac{1}{1-a} + \frac{z-a}{(1-a)^2} + \frac{(z-a)^2}{(1-a)^3} + \frac{(z-a)^3}{(1-a)^4} + \cdots$$

が得られます．この無限等比級数は，公比 $\frac{z-a}{1-a}$ の絶対値が 1 以下のとき収束し，
$$f(z) = \frac{\frac{1}{1-a}}{1 - \frac{z-a}{1-a}} = \frac{1}{1-z}$$

となります．なお，**収束半径** r_3 は $z = a$ から孤立特異点 $z = 1$ までの距離 $|1-a|$ となり，**収束円は図 6-4 のように** $|z-a| = |1-a|$ で表されます．

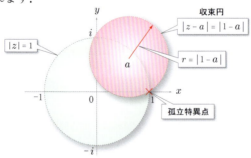

図 **6-4** $z = a$ を中心とするテイラー展開とその収束円 $|z-a| = |1-a|$

なお，$z = 1$ は $f(z)$ の孤立特異点（1 位の極）となり，その導関数 $f^{(n)}(1)$ が存在しないので，この点を中心にテイラー展開できません．このとき，**10 章**で述べる**ローラン展開**を用いる必要があります．

等比級数の別表現について

例題 7 の (1) で述べたように,初項が 1,公比 z の等比級数

$$f_1(z) = 1 + z + z^2 + z^3 + z^4 + \cdots$$

が収束するとき,

$$f(z) = \frac{1}{1-z}$$

という有理関数の形に表現することができます.同じ**例題 7** の (3) で示したように,$f(z)$ の式で表される等比級数は無数に存在します.

それらは,複素数の定数を a として,

$$f_2(z) = \frac{1}{1-a} + \frac{z-a}{(1-a)^2} + \frac{(z-a)^2}{(1-a)^3} + \frac{(z-a)^3}{(1-a)^4} + \cdots$$

となります.

このようなベキ級数 $f_1(z)$,$f_2(z)$ の項は無限に続くため,これらが収束する条件を常に念頭に置かねばなりません.等比級数の場合,公比の絶対値が 1 より小さくなる条件から,収束円の中心 a とその半径 $|1-a|$ が定まります.**テイラー展開**(マクローリン展開)とは,それぞれの収束円の内部で $f(z)$ に等価となる,ベキ級数の $f_1(z)$ や $f_2(z)$ を求める手法に他なりません.

一方の $f(z)$ は有理関数となるので,分母 $= 0$ となる孤立特異点(1 位の極)を除いて正則となり,有限の値が存在します.すなわち,$f(z)$ の定義域は $z = 1$ を除く z の全平面となり,$f_1(z)$ や $f_2(z)$ の定義域であるそれぞれの収束円より広くなっています.

このように,ある収束円の内部で定義されたベキ級数 $f_1(z)$,$f_2(z)$ から,その領域内で完全に一致し,より広い定義域を有する関数 $f(z)$ が求められることがあります.このような操作を**解析接続**と呼びますが,その詳細については **12 章**で説明します.

$\frac{1}{z-1}$ の $z=0$ を中心とするテイラー展開のイメージ

$z=1$ に 1 位の極を有する関数 $f(z) = \frac{1}{z-1}$ について，$z=0$ を中心にテイラー展開（マクローリン展開）すると，以下のようになります．

$$f(z) = \frac{1}{z-1} = -1 - z - z^2 - z^3 - \cdots$$

なおこの関数は，初項が -1，公比 z の無限等比級数であり，**例題 7** の (1) の $\pm$ の符号を反転したものです．また公比は z であり，収束条件は $|z| < 1$，その収束円は $z=0$ を中心とする半径 1 の円になります．

図 6-5 の左上に，収束円内 $|z| < 1$ における $f(z) = \frac{1}{z-1}$ の実部の形状を赤色で示します．これは，先に**図 2-1** に示した $\frac{1}{z}$ の形状を，x の正方向に 1 シフトしたものとなっています．

図の下に，$z=0$ を中心とするテイラー展開の低次の項である $-z^0$ から $-z^5$ までと $-z^{32}$ の実部の形状を示します．

ここで，$-z^0 = -1$ は高さが -1 の平面，$-z$ は原点 $z=0$ を通り x 軸の勾配が -1 の傾いた平面を表しています．また $-z^2$ と $-z^3$ は，それぞれ**図 2-6** と**図 2-13** の上下を反転させた形状となっています．

1 位の極である $z=1$ において，整数 n の値にかかわらず $-z^n = -1$ となるので，テイラー級数は $-\infty$ に発散します．なお，収束円内にある $z=1$ の近傍において，$f(z) = \frac{1}{z-1}$ も下の方向に伸びた形状になっています．

一方，収束円の外側における $\frac{1}{z-1}$ の形状は図の右上のようになりますが，このテイラー級数では発散するため，その表現自体に意味はありません．

この領域については，ローラン展開が担うことになりますが，その内容については **10 章**で詳しく説明します．なお，それらの境界にある収束円上の点 z では，テイラー級数の値は不定となり，発散したり収束したりしますが，一意に収束する場合は $\frac{1}{z-1}$ の値になります．

また，$f(z) = \frac{1}{z-1}$ の虚部の形状については，実部の形状を極の $z=1$ を中心に 90° 時計方向に回転させたものとなっており，基本的には**図 2-1** に示した $\frac{1}{z}$ を，実軸の正の方向に 1 シフトさせた形状になっています．

6.4 テイラー展開

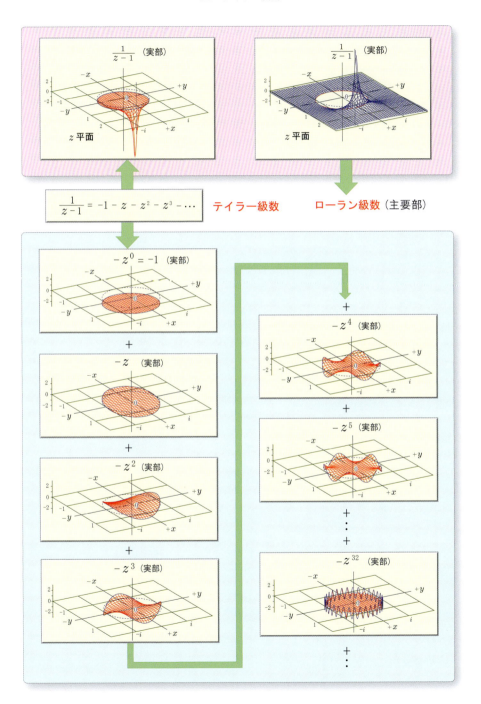

図 6-5　$\frac{1}{z-1}$ の $z=0$ を中心とするテイラー展開のイメージ

例題 8 $f(z) = \log(1+z)$ をマクローリン展開し，その収束半径 r を求めなさい．ただし，$f(0) = \log 1 = 0$ の分枝をとるものとします．

指数関数の $f(z) = \log(1+z)$ は，**図 2-11** に示したように無限多価関数となりますが，リーマン面を導入することにより，1 価関数とみなすことができます．

このとき $f(z)$ の導関数は $z \neq -1$ として，

$$f'(z) = \frac{1}{1+z}$$

$$f''(z) = -\frac{1}{(1+z)^2}$$

$$f'''(z) = \frac{2}{(1+z)^3}$$

$$f^{(n)}(z) = (-1)^{n-1}\frac{(n-1)!}{(1+z)^n}$$

となるので，

$$f(0) = 0$$

$$f'(0) = 1$$

$$f''(0) = -1$$

$$f'''(0) = 2$$

$$f^{(n)}(0) = (-1)^{n-1}(n-1)!$$

となり，マクローリン級数として

$$f(z) = z - \frac{z^2}{2} + \frac{z^3}{3} - \cdots + (-1)^{n-1}\frac{z^n}{n} + \cdots$$

が得られます．また収束半径 r は，

$$r = \lim_{n \to \infty} \left| \frac{n+1}{n} \right| = 1$$

となり，収束円は $|z| = 1$ となります．なお，$z = -1$ は孤立特異点の一種である**分岐点**に相当します．

6.4 テイラー展開

例題 9 n を正の整数として整式 $f(z) = z^n$ を $z = a$ を中心にテイラー展開し，式の変形により z^n に等価となることを示しなさい．

$$f(a) = a^n$$
$$f'(a) = na^{n-1}$$
$$f''(a) = n(n-1)a^{n-2}$$
$$f^{(n)}(a) = n!\, a^0 = n!$$

これより，

$$f(z) = a^n + na^{n-1}(z-a) + \frac{n(n-1)}{2!}\,a^{n-2}(z-a)^2 + \cdots$$
$$+ \frac{n(n-1)\cdots 2}{(n-1)!}\,a(z-a)^{n-1} + (z-a)^n$$

が得られます．ここで，

$$_nC_1 = \frac{n!}{(n-1)!\,1!} = n \qquad _nC_2 = \frac{n!}{(n-2)!\,2!} = \frac{n(n-1)}{2!}$$

$$_nC_m = \frac{n!}{(n-m)!\,m!}$$

より，上式は以下のように表すことができます．

$$f(z) = a^n + {}_nC_1\,a^{n-1}(z-a) + {}_nC_2\,a^{n-2}(z-a)^2 + \cdots$$
$$+ {}_nC_{n-1}\,a(z-a)^{n-1} + (z-a)^n$$

ここで，次の二項定理

$$(x+y)^n = x^n + {}_nC_1\,x^{n-1}y + {}_nC_2\,x^{n-2}y^2 + \cdots + y^n$$

において，$x = a$, $y = z - a$ とすることにより，

$$f(z) = \{a + (z-a)\}^n = z^n$$

が導かれます．なお，この性質の自然な拡張により，正の整数 n として，有限項の整式

$$f(z) = c_0\,z^n + c_1\,z^{n-1} + c_2\,z^{n-2} + \cdots + c_{n-1}\,z + c^n$$

が，$z = a$ を中心にテイラー展開できることが分かります．

6.5 演習問題

6-1 次のベキ級数の収束域を求めなさい．

(1) $\sum_{n=1}^{\infty} \frac{(-z)^n}{n}$ (2) $\sum_{n=1}^{\infty} \frac{z^n}{n^2}$ (3) $\sum_{n=1}^{\infty} \frac{z^n}{n^n}$

6-2 (1) 次のベキ級数の収束半径 r_1 および r_2 を求めなさい．

$$f_1(z) = \sum_{n=1}^{\infty} 2^n z^n \qquad f_2(z) = \sum_{n=1}^{\infty} 3^n z^n$$

(2) $f_1(z)$ と $f_2(z)$ の和に相当するベキ級数 $g(z)$ を求め，その収束半径 r が，r_1 と r_2 の小さい方の値になることを示しなさい．

6-3 $f(z) = \sin^2 z$ を，以下の手順によりマクローリン展開しなさい．

(1) $f(z)$ の n 次の導関数を求め，$z = 0$ とおいて級数の形を決定しなさい．

(2) 倍角の公式 $\sin^2 z = \dfrac{1 - \cos 2z}{2}$ を用い，直接級数を求めなさい．

6-4 次の関数を，指定された点を中心にテイラー展開し，その収束半径を求めなさい．

(1) $\dfrac{1}{z}$ ($z = 1$ を中心)

(2) $\dfrac{1}{z^2}$ ($z = 1$ を中心)

(3) $\dfrac{1}{z^2}$ ($z = -1$ を中心)

第 7 章
複素関数の積分

本章では，複素関数の積分を扱います．微分が，z 平面の微小変位と，それに対応する複素関数の微小変位という 2 つの複素数の商の極限として定義されるのに対し，積分では，複素平面 z における積分経路上の微小な変位と，対応する複素関数の積を求め，それらの総和の極限として定義されます．積分経路とは，z 平面上の 2 点を結ぶ連続な曲線であり，2 次元的な広がりをもっています．このとき，積分する複素関数の種類や，積分経路の選び方により，始点と終点が決まれば積分値が一意に定まる場合と，経路の選び方により，積分値が異なってくる場合が生じます．これらは，3 章の微分の項で述べた複素関数の正則性と密接な関連があることが明らかになります．

7.1 積分経路について

はじめに，**複素平面上の曲線**について整理します．$x(t)$, $y(t)$ は，実変数 t をもつ実数の連続関数とします．変数 t が a から b に変化するとき，複素平面上の点 $z(t) = x(t) + iy(t)$ は，図 **7-1** に示すように，始点 $z(a)$ から終点 $z(b)$ に移動します．点 $\{x(t), y(t)\}$ の軌跡は**向きをもつ曲線**となり，これを C で表します．始点と終点を入れ替え向きを反転した場合は $-C$ とします．

また，図 **7-2** のように，$z(a) = z(b)$ が成立するとき，C を**閉曲線**，$z(a) \neq z(b)$ のとき**開曲線**と呼びます．さらに，積分路が交差しない開曲線を**単一開曲線**，閉曲線を**単一閉曲線**といいます．

$x(t)$ と $y(t)$ が $(a \leqq t \leqq b)$ で**連続微分可能**のとき，$z(t) = x(t) + iy(t)$ に対応する曲線は**滑らかである**といいます．さらに，$z(a) = z(b)$, $x'(a) = x'(b)$, $y'(a) = y'(b)$ が同時に成立するとき，**滑らかな閉曲線**と呼びます．

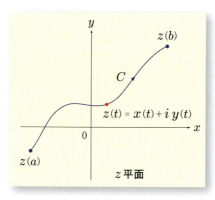

図 **7-1** 積分路

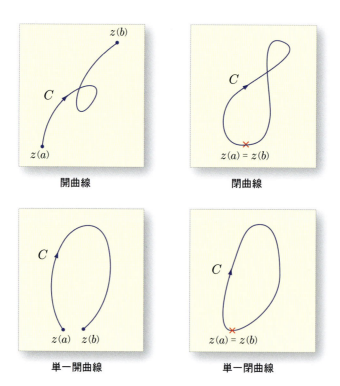

図 **7-2** 開曲線と閉曲線

さらに，$n = 1, 2, 3, \cdots, m$ として有限個の滑らかな曲線

$$z_n(t) = x_n(t) + iy_n(t)$$

が，$n = 1, 2, 3, \cdots, m-1$ について，

$$z_n(a_{n+1}) = z_n(b_n)$$

を満たすように接続して得られる曲線 C を

$$C = C_1 + C_2 + \cdots + C_m$$

で表し，**区分的に滑らかな曲線**といいます．図 **7-3** にその例を示します．

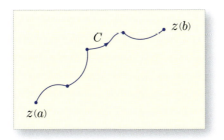

図 **7-3**　区分的に滑らかな曲線

一般に，閉曲線は，その内部を**左手方向に囲む**ような向きを**正方向**と定めます．これから，特に指定しない場合は，この条件を満たしているものとします．

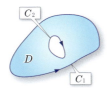

図 **7-4**　閉曲線の正の向き

7.2 複素積分の定義

複素関数 $w = f(z)$ が z 平面上の領域 D において定義されているとき，図 7-5 に示すように D 内に区分的に滑らかな有限長の曲線 C を定めます．C の**始点**を $z = a$，**終点**を $z = b$ として，この間を n 個の区間に分割し，区分した点を z_k $(k = 1, 2, 3, \cdots, n-1)$ とします．さらに，z_{k+1} と z_k の間の任意の点を ζ_k とし，$|\Delta z_k| = |z_{k+1} - z_k|$ の最大値が 0 に近づくよう C の分割数 n を無限に増やします．ここで，$\sum_{k=0}^{n-1} f(\zeta_k)\,\Delta z_k$ が一定の値に収束するとき，その値を**複素積分**と定義します．すなわち，以下の式が導かれます．

$$\int_a^b f(z)\,dz = \lim_{n \to \infty} \sum_{k=0}^{n-1} f(\zeta_k)\,\Delta z_k$$

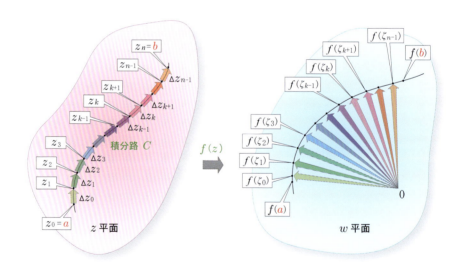

図 **7-5** 複素積分の定義

次に，具体的な複素積分の求め方について説明しましょう．
複素関数 $f(t) = u(t) + i\,v(t)$ が，閉区間 $[a, b]$ において連続となるとき，

$$\int_a^b f(t)\,dt = \int_a^b u(t)\,dt + i\int_a^b v(t)\,dt$$

とします．

次に，z 平面上の滑らかな曲線を C として，この C を以下の式で表します．

$$z = z(t) = x(t) + i\,y(t) \qquad (a \leqq t \leqq b)$$

このとき，$f(t)$ の C に沿った積分，すなわち

$$\int_C f(z)\,dz = \int_a^b f(z(t))\,z'(t)\,dt$$

が**積分路** C における**複素積分**となります．なお，積分路は w 平面ではなく，z 平面上にあることに注意して下さい．

7.3 複素積分の性質

複素積分では，以下に示す定理が成立します．

定理 1

$f(z)$, $g(z)$ が区分的に滑らかな曲線 C で連続のとき，α, β を定数として，

$$\int_C \{\alpha f(z) + \beta g(z)\}\,dz = \alpha\int_C f(z)\,dz + \beta\int_C g(z)\,dz$$

が成立する．

定理 2

$f(z)$ が区分的に滑らかな曲線 $C = C_1 + C_2$ で連続のとき，次式が成立する．

$$\int_C f(z)\,dz = \int_{C_1} f(z)\,dz + \int_{C_2} f(z)\,dz$$

$$\int_{-C} f(z)\,dz = -\int_{C} f(z)\,dz$$

定理3

$f(z)$ が区分的に滑らかな曲線 C で連続のとき，以下の関係が成立する．

$$\left|\int_{C} f(z)\,dz\right| \leqq \int_{C} |f(z)|\,|dz| \leqq Ml$$

ここで，l は C の長さであり，M は次式のようになる．

$$M = \max_{z \in C} |f(z)|$$

複素積分では，実積分と異なり積分路の始点と終点が定まっても，経路の選び方には自由度が生まれます．

例えば，z 平面上の a 点から b 点まで積分するとき，以下の 2 つの状況が現れます．

(1) 積分結果が，その経路によらず一定の値になる．

(2) 積分経路により値が変化する．

以下，具体的な例題により確認してみましょう．

例題 1 以下に示す 3 つの積分路 C_1，C_2，C_3 について，$f(z) = z$ の複素積分 $\displaystyle\int_{C} z\,dz$ を求めなさい．

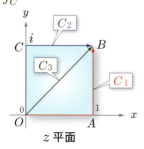

z 平面

7.3 複素積分の性質

(1) 経路 C_1 に沿った積分 I_1

原点 O(0) から実軸に沿って点 A(1) まで積分し，点 A から虚軸に平行に点 B(1+i) まで積分します．前半の $\overrightarrow{OA}$ は，実数の積分のように $dz = dx$ となりますが，後半の $\overrightarrow{AB}$ は $dz = idy$ となる点に注意が必要です．

$$I_1 = \int_{C_1} z\, dz = \int_0^1 x\, dx + \int_0^1 (1+iy)i\, dy$$
$$= \left[\frac{x^2}{2}\right]_0^1 + i\left[y\right]_0^1 - \left[\frac{y^2}{2}\right]_0^1 = i$$

(2) 経路 C_2 に沿った積分 I_2

原点 O(0) から虚軸に沿って点 C(i) まで積分し，点 C から実軸に平行に点 B(1+i) まで積分します．

$$I_2 = \int_{C_2} z\, dz = \int_0^1 iyi\, dy + \int_0^1 (x+i)\, dx$$
$$= -\left[\frac{y^2}{2}\right]_0^1 + \left[\frac{x^2}{2}\right]_0^1 + i\left[x\right]_0^1 = i$$

(3) 経路 C_3 に沿った積分 I_3

原点 O(0) から点 B(1+i) まで，直線状に積分します．このとき，極形式表示 $z = r\left(\cos\frac{\pi}{4} + i\sin\frac{\pi}{4}\right)$ を用いると，$dz = \left(\cos\frac{\pi}{4} + i\sin\frac{\pi}{4}\right)dr$ となり，r の経路長は $\sqrt{2}$ となるので，以下の式が導かれます．

$$I_3 = \int_{C_3} z\, dz = \left(\cos\frac{\pi}{4} + i\sin\frac{\pi}{4}\right)^2 \int_0^{\sqrt{2}} r\, dr$$
$$= \left(\cos\frac{\pi}{2} + i\sin\frac{\pi}{2}\right)\left[\frac{r^2}{2}\right]_0^{\sqrt{2}} = i$$

これらを模式的に表現すると，図 **7-6** のようになります．

3つの積分路について，それぞれ z における増分 Δz と $f(z) = z$ の積を求め，それらの総和を求めると積分値 i が得られることを示しています．

ここで，複素数の Δz と z の積が，回転と拡大・縮小という幾何学的な操作を伴うことに留意して下さい．

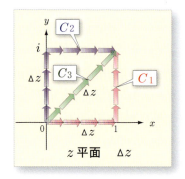
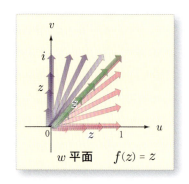

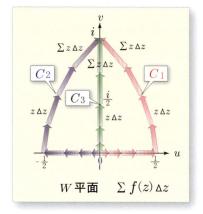

図 **7-6** 関数 $f(z) = z$ の複素積分のイメージ

このように複素関数 $f(z) = z$ を z で積分するとき，3つの積分路 C_1，C_2，C_3 について，同じ結果 i が得られます．詳しくは次章で述べますが，$f(z) = z$ には $F'(z) = f(z)$ を満たす**原始関数** $F(z) = \frac{1}{2}z^2$ が存在します．始点となる原点 O では $F(0) = 0$，終点 B では $F(1+i) = \frac{(1+i)^2}{2} = i$ となり，その差 $F(1+i) - F(0)$ は i となっています．なお，下の図の2本の曲線は **2 章**の図 **2-4** の $w = z^2$ の写像で示した放物線に対応しています．

一方，積分路により積分結果が異なる場合があります．その例を示しましょう．

例題2 以下に示す 2 つの積分路 C_1, C_2 について, $f(z) = \frac{1}{z}$ の複素積分 $\int_C \frac{1}{z} dz$ を求めなさい.

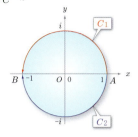

(1) 経路 C_1 に沿った積分 I_1

原点 O(0) を中心に, 点 A(1) を正方向に 180 度回転させ, 点 B(-1) まで積分します.

このとき, $r = 1$, $dz = ie^{i\theta} d\theta$ となるので, 以下の式が求められます.

$$I_1 = \int_{C_1} \frac{1}{z} dz = i \int_0^\pi e^{-i\theta} e^{i\theta} d\theta = i \int_0^\pi d\theta = i \Big[\, \theta \,\Big]_0^\pi = i\pi$$

(2) 経路 C_2 に沿った積分 I_2

原点 O(0) を中心に, 点 A(1) から負の方向に 180 度回転させ, 点 B(-1) まで積分します.

$$I_2 = \int_{C_2} \frac{1}{z} dz = i \int_0^{-\pi} e^{-i\theta} e^{i\theta} d\theta = i \int_0^{-\pi} d\theta = i \Big[\, \theta \,\Big]_0^{-\pi} = -i\pi$$

このように $f(z) = \frac{1}{z}$ の場合, 2 つの積分路 C_1, C_2 の始点と終点が一致していてもその積分結果が異なってきます.

これらを模式的に表すと, **図 7-7** のようになります. 2 つの積分路について, z における増分 Δz と $f(z) = \frac{1}{z}$ の積を求め, それらの総和が積分値に対応しますが, 例えば C_1 の場合, Δz が正方向に回転しているのに対し, $f(z) = \frac{1}{z}$ が負の方向に回転しており, それらの積 $\frac{\Delta z}{z}$ が常に虚軸の正の方向を向いていることに注意が必要です. 一方の C_2 でも, Δz と $\frac{1}{z}$ の回転方向が逆となっていますが, その積は常に虚軸の負の方向を向くことになります. このように, C_1 と C_2 では異なる積分値 $i\pi$, $-i\pi$ となります.

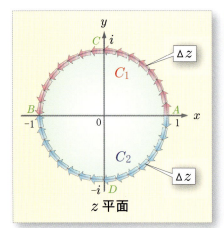
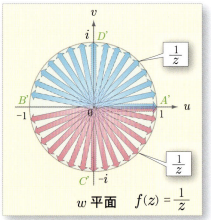
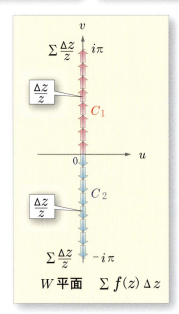

図 **7-7** 関数 $f(z) = \frac{1}{z}$ の複素積分のイメージ

第8章 基本的な複素関数の原始関数

4章では，基本的な複素関数 $f(z)$ の導関数について述べました．ある複素関数 $f(z)$ が領域 D において正則であるとき，D 内の任意の点 z における微分係数 $f'(z)$ が存在し，この $f'(z)$ が導関数に相当します．一方，導関数を基準に考えると，それを積分した原関数 $f(z)$ が存在することになり，これを原始関数と称します．本章では，基本的な複素関数の原始関数について整理します．

8.1 原始関数（その1）

複素関数 $f(z)$ について，$\dfrac{dF(z)}{dz} = f(z)$ となる $F(z)$ が存在するとき，これを $f(z)$ の**原始関数**と呼びます．

すなわち，$F(z)$ の導関数が $f(z)$ となるような $F(z)$ です．

以下，代表的な例をいくつか示しましょう．

例題 1　$f(z) = z$ の原始関数が $F(z) = \dfrac{z^2}{2}$ [+定数] となることを示しなさい．

$f(z) = z$ を，右の図に示す積分路 C_1 を用いて積分します．
極形式表示を用いて $z = re^{i\theta}$ とおくと，
$dz = ire^{i\theta}d\theta$ となるので，次式が成立します．

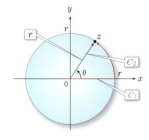

$$\int_{C_1} z\,dz = \int_0^r x\,dx + ir^2 \int_0^\theta e^{2i\theta} d\theta = \Big[\frac{x^2}{2}\Big]_0^r + r^2 \Big[\frac{e^{2i\theta}}{2}\Big]_0^\theta$$

$$= \frac{r^2}{2} + r^2\Big(\frac{e^{2i\theta}}{2} - \frac{1}{2}\Big) = \frac{z^2}{2}$$

一方，半径 r 方向に積分路 C_2 を設定したとき，$dz = e^{i\theta}dr$ となるので，

$$\int_{C_2} z\,dz = e^{2i\theta} \int_0^r r\,dr = e^{2i\theta}\Big[\frac{r^2}{2}\Big]_0^r = e^{2i\theta}\frac{r^2}{2} = \frac{z^2}{2}$$

が導かれ，いずれも $\frac{z^2}{2}$ となります．

　関数の $f(z) = z$ は $z = \infty$ を除く z 平面全体で正則となり，積分の始点と終点が定まれば，その経路には依存しないので，上記のように原始関数 $\frac{z^2}{2}$ が定まります．

　ここで，原点を中心とする円形の積分路 C を用いたとき，その積分操作のイメージを 3 次元画像で表すと，図 **8-1** のようになります．

　図 (a)(b) のように，複素数 z が原点を中心に実軸上の始点から正方向に 1 回転するとき，積分路上の微小変化 Δz も虚軸の ＋ の向きから正方向に 1 回転します．

　このとき，図 (c) に示すようにその積 $z\Delta z$ の回転速度は 2 倍に加速され，それらを累積した $\Sigma z\Delta z$ は正方向に 2 回転して z^2 の項となって現れます．

　また，回転速度が 2 倍になると，$\Sigma z\Delta z$ の回転半径は z の回転半径の半分に圧縮され，$\frac{1}{2}$ の項が加わることになります．

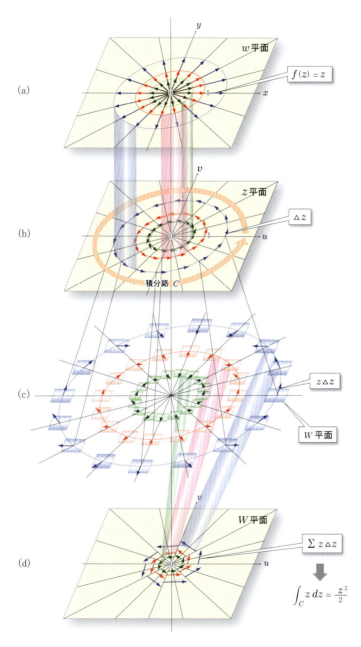

図 **8-1** $f(z) = z$ とその原始関数 $F(z) = \dfrac{z^2}{2}$ のイメージ

例題 2　$f(z) = e^z$ の原始関数が $F(z) = e^z [+$ 定数$]$ となることを示しなさい．

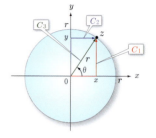

$f(z) = e^z$ を，右の図に示す積分路 C_1 を用いて積分します．
$z = x + iy$ とおくと，虚軸に平行な部分では $dz = idy$ となるので，次式が得られます．

$$\int_{C_1} e^z dz = \int_0^x e^x dx + ie^x \int_0^y e^{iy} dy = \left[e^x\right]_0^x + ie^x \left[\frac{e^{iy}}{i}\right]_0^y$$

$$= e^x - 1 + e^x(e^{iy} - 1) = e^z - 1$$

一方，積分路の C_2 を用いたとき，以下のようになります．

$$\int_{C_2} e^z dz = i\int_0^y e^{iy} dy + e^{iy} \int_0^x e^x dx = i\left[\frac{e^{iy}}{i}\right]_0^y + e^{iy}\left[e^x\right]_0^x$$

$$= e^{iy} - 1 + e^{iy}(e^x - 1) = e^z - 1$$

積分路の C_3 の場合は θ が一定となり，$z = re^{i\theta}$ とおくと，$dz = e^{i\theta} dr$ となるので，

$$\int_{C_3} e^z dz = \int_0^r e^{re^{i\theta}} e^{i\theta} dr = e^{i\theta} \left[\frac{e^{re^{i\theta}}}{e^{i\theta}}\right]_0^r = e^z - 1$$

これより，$f(z) = e^z$ の原始関数はすべて $f(z) = e^z - 1$ の形になることが分かります．

虚軸に平行な積分路 C を用いたとき，その積分のイメージを表すと**図 8-2** のようになります．

このとき，Δz は純虚数となるので，e^z を正方向に 90 度回転させた微小成分 $e^z \Delta z$ を次々に加算してゆくと円弧状になり，最終的に原始関数 e^z が求められます．

8.1 原始関数（その1）

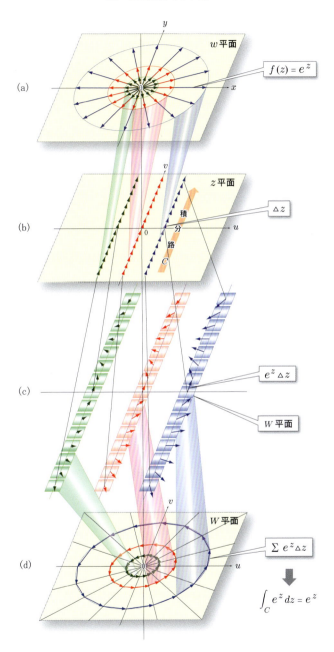

図 8-2　$f(z) = e^z$ とその原始関数 $F(z) = e^z$ のイメージ

例題 3 $f(z) = \frac{1}{z}$ の原始関数が $F(z) = \log z +$ 定数となることを示しなさい．ただし，リーマン面を用いて，多価関数の $\log z$ を1価関数として扱いなさい．

$f(z) = \log z$ を，右の図に示す積分路 C_1 を用いて積分します．
なお，$z = 0$ が1次の極となるので，積分の始点を1としています．
$z = re^{i\theta}$ とおくと，円周上の点では
$dz = ire^{i\theta}d\theta$ となるので，次式が導かれます．

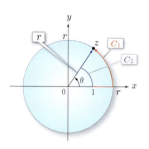

$$\int_{C_1} \frac{1}{z} dz = \int_1^r \frac{1}{x} dx + ir \frac{1}{r} \int_0^\theta e^{i\theta} e^{-i\theta} d\theta = \Big[\log|x|\Big]_1^r + i\Big[\theta\Big]_0^\theta$$

$$= \log r + i\theta = \log(re^{i\theta}) = \log z$$

一方の積分路 C_2 では，

$$\int_{C_2} \frac{1}{z} dz = i \int_0^\theta e^{i\theta} e^{-i\theta} d\theta + e^{-i\theta} e^{i\theta} \int_1^r \frac{1}{r} dr = i\Big[\theta\Big]_0^\theta + \Big[\log|x|\Big]_1^r$$

$$= i\theta + \log r = \log(re^{i\theta}) = \log z$$

が導かれます．

これより，$f(z) = \frac{1}{z}$ の原始関数はすべて $f(z) = \log z +$ 定数の形になることが分かります．

原点を中心とし，実軸上の点を始点とする円形の積分路 C を用いたとき，その積分のイメージを3次元画像により表すと，**図 8-3** のようになります．
z が円周上を正方向に1回転するとき，$\frac{1}{z}$ は負の方向に1回転します．このため，Δz と $\frac{1}{z}$ の回転は打ち消され，その積 $\frac{\Delta z}{z}$ とその累積値 $\Sigma \frac{\Delta z}{z}$ は純虚数となり，虚軸の ＋ の方向を向くことになります．なお，これらは $\log z$ を極形式で表した $\log z = \log r + i\theta$ の虚部に対応しています．

8.1 原始関数（その1） 113

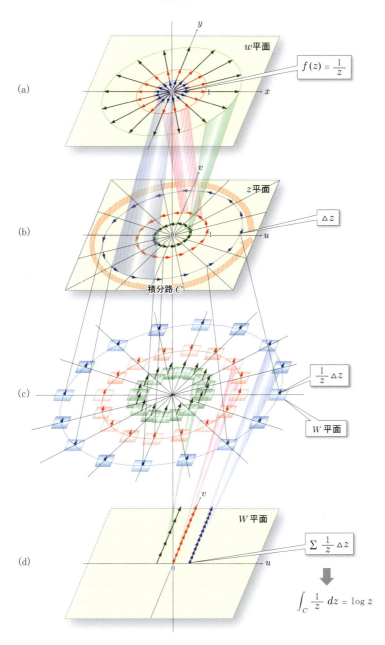

図 8-3　$f(z) = \frac{1}{z}$ とその原始関数 $F(z) = \log z$ のイメージ

8.2 原始関数（その2）

4章の複素関数の導関数では，基本的な的な複素関数 $F(z)$ を対象として，これらが正則となる領域 D において，それらの導関数 $f(z) = \frac{d}{dz}F(z)$ が存在することを示しました．

ここでは，それらの導関数 $f(z) = \frac{d}{dz}F(z)$ について，その内部に特異点を含まない正則な領域 D（単連結領域という）に積分路 C を設定します．

積分路 C の開始点を $z = a$，終点を $z = b$ とすると，

$$\int_{aC}^{b} f(z)\,dz = \Big[F(z)\Big]_a^b = F(b) - F(a)$$

の関係を満たす原始関数 $F(z)$ が存在することが，この後で示すコーシーの積分定理から導かれます．なお，積分記号の $\int_{aC}^{b}$ は，開始点 $z = a$ から終点 $z = b$ まで積分路 C に沿って積分することを示しています．

このとき，代表的な6つの複素関数について以下の関係が成立します．

(1) $\displaystyle\int_{aC}^{b} z^n dz = \left[\frac{z^{n+1}}{n+1}\right]_a^b = \frac{1}{n+1}(b^{n+1} - a^{n+1})$ $\quad (n \geq 1)$

(2) $\displaystyle\int_{aC}^{b} z^{-n} dz = -\left[\frac{z^{-(n-1)}}{n-1}\right]_a^b = -\frac{1}{n-1}\left\{b^{-(n-1)} - a^{-(n-1)}\right\}$
$\hfill (n \geq 2)$

(3) $\displaystyle\int_{aC}^{b} e^{\alpha z} dz = \left[\frac{e^{\alpha z}}{\alpha}\right]_a^b = \frac{1}{\alpha}(e^{\alpha b} - e^{\alpha a})$ $\quad (\alpha \neq 0)$

(4) $\displaystyle\int_{aC}^{b} \cos(\alpha z)\,dz = \left[\frac{\sin(\alpha z)}{\alpha}\right]_a^b = \frac{1}{\alpha}\left\{\sin(\alpha b) - \sin(\alpha a)\right\}$
$\hfill (\alpha \neq 0)$

(5) $\displaystyle\int_{aC}^{b} \sin(\alpha z)\,dz = -\left[\frac{\cos(\alpha z)}{\alpha}\right]_a^b = -\frac{1}{\alpha}\left\{\cos(\alpha b) - \cos(\alpha a)\right\}$
$\hfill (\alpha \neq 0)$

(6) $\displaystyle\int_{aC}^{b} \frac{1}{z}\,dz = \Big[\log(z)\Big]_a^b = \log(b) - \log(a)$

(6) では $z = 0$ が 1 位の極となり，(2) で $n = 1$ とした場合に相当します．なお，$\log(z)$ は無限多価関数となるので，螺旋状のリーマン面上に $\log(a)$ と $\log(b)$ を設定する必要があります．

ここで，先の**例題 1** は (1) の $n = 1$ の場合に該当し，あらゆる z において正則となるので，

$$\int_0^{1+i} z\, dz = \left[\frac{z^2}{2}\right]_0^{1+i} = \frac{(1+i)^2}{2} = i$$

が得られます．

また，**例題 3** は (6) に相当し，$z = 0$ が 1 位の極になります．変数の z を極形式の $re^{i\theta}$ で表し，積分の始点を $a = r_1 e^{i\theta_1}$，終点を $b = r_2 e^{i\theta_2}$ とします．

ここで，積分路は特異点を含まない**単連結領域**に設定する必要があるので，原点の上を通る C_1 と，下を通る C_2 は別の扱いになります．この場合，積分路が特異点を周回することはなく，始点と終点はリーマン面の基本となる 1 葉の上に配置されるので，対数の性質を用いることにより，

$$\int_{aC}^{b} \frac{dz}{z} = \left[\log(re^{i\theta})\right]_a^b = \left[\log(r)\right]_{r_1}^{r_2} + \left[i\theta\right]_{\theta_1}^{\theta_2} = \log\left(\frac{r_2}{r_1}\right) + i(\theta_2 - \theta_1)$$

が導かれます．

ここで，積分路が C_1 のとき，$r_1 = r_2 = 1$，$\theta_1 = 0$，$\theta_2 = \pi$ となるので，上式の右辺 $= \log(1) + i(\pi - 0) = i\pi$ が得られます．

一方 C_2 のとき，$r_1 = r_2 = 1$，$\theta_1 = 0$，$\theta_2 = -\pi$ として，上式の右辺 $= \log(1) + i(-\pi - 0) = -i\pi$ のようになり，例題の結果に一致します．

連結領域について

ここで，連結領域について説明します．

(1) 単連結領域

図 **8-4** の左に示すように，領域 D 内の任意の閉曲線の内部がすべて D の点であるとき，この D を**単連結領域**と呼びます．

(2) 多重連結領域

単連結でない領域を，**多重連結領域**と呼びます．例えば，領域の境界が共通点のない n 個の領域に分けられるとき，n **重連結領域**といいます．

図 **8-4** の右に，二重連結領域と三重連結領域の例を示します．

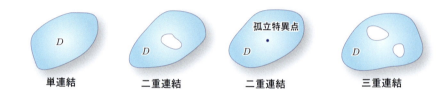

図 **8-4**　単連結領域と多重連結領域

これまで代表的な関数について，その**原始関数**を求めてきました．この原始関数について，以下の定理が成立します．

定理

単連結領域 D で正則となる関数 $f(z)$ が 1 価の原始関数 $F(z)$ をもち，D 内にある積分路 C が区分的に滑らかであるとき，$\int_C f(t)\,dt$ の値は，積分路 C の始点 α と終点 β のみで決まる．すなわち，

$$\int_C f(z)\,dz = F(\beta) - F(\alpha)$$

が成立する．

8.2 原始関数（その2）

例題 4　$n = 1, 2, 3, \cdots$ として，$f(z) = z^n$ の原始関数 $F(z)$ が積分路 C の始点と終点のみで決まることを示しなさい．

$f(z)$ は無限遠点を除く z の全領域で正則となるので，始点を α，終点を β として，

$$\int_C z^n dt = \int_\alpha^\beta z^n dt = \left[\frac{z^{n+1}}{n+1}\right]_\alpha^\beta = \frac{1}{n+1}(\beta^{n+1} - \alpha^{n+1})$$

が成り立ちます．

例題 5　指数関数 $f(z) = e^z$ の原始関数 $F(z)$ が，積分路 C の始点と終点のみで決まることを示しなさい．

$f(z) = e^z$ も同様に無限遠点を除く z の全領域で正則となるので，始点を α，終点を β として，

$$\int_C e^z dt = \int_\alpha^\beta e^z dt = \left[e^z\right]_\alpha^\beta = e^\beta - e^\alpha$$

が成立します．

図 **8-5** に示すように，単連結領域 D に 2 つの積分路 C_1, C_2 を選びます．ここで $C_1 - C_2$ は閉曲線を表していることは明らかです．すなわち，始点と終点が等しい 2 つの積分路を C_1, C_2 としたとき，これを結合した閉曲線 $C_1 - C_2$ の積分路では，積分値が 0 になることを表しています．

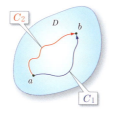 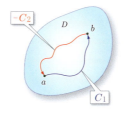

図 **8-5**　積分経路の変更

これより，次章に示す**コーシーの積分定理**と呼ばれる重要な定理が導かれます．

8.3 演習問題

8-1 次の関数の原始関数 $f(z)$ を求めなさい．

(1) $\dfrac{1}{(z+1)^2}$

(2) $\sin(2z)$

(3) e^{-2z}

(4) $z\,e^z$

(5) $e^z \sin z$

(6) $z\,\cos(z^2)$

8-2 原始関数を用いて，次の定積分を計算しなさい．

(1) $\displaystyle\int_0^{1+i} (z^2 + z + 1)\,dz$

(2) $\displaystyle\int_0^{\pi} e^{-iz}\,dz$

(3) $\displaystyle\int_0^{\frac{\pi}{2}} e^z \cos z\,dz$

(4) $\displaystyle\int_0^1 z e^{z^2}\,dz$

(5) $\displaystyle\int_0^{\pi} z^2 \sin(z^3)\,dz$

第 9 章
コーシーの積分定理

本章では，複素関数の積分において極めて重要な役割を果たすコーシーの積分定理を紹介し，留数の定理等でその効力が示されるコーシーの積分公式と，これを高次微分に拡張したグルサの定理について解説します．

9.1 コーシーの積分定理

関数 $f(z)$ が，複素平面上の単一閉曲線 C 上およびその内部 D で正則なとき，C にそった経路で $f(z)$ を周回積分した値は 0 になる．すなわち，以下の式が成立する．

$$\oint_C f(z)\, dz = 0$$

これを**コーシー (Cauchy) の積分定理**といいます．以下，グリーン (**Green**) **の定理**を用いて証明しましょう．

証 明

$f(z)$ の実部を u，虚部を v とおきます．$z = x + iy$ のとき $dz = dx + idy$ となるので，

$$\oint_C f(z)\, dz = \oint_C (u+iv)(dx+idy) = \oint_C \left[(u+iv)dx + (iu-v)dy\right]$$

が成立します．

ここで，xy 平面上の閉曲線 C で囲まれた領域 S で連続かつ微分可能な関数を P, Q とします．このとき，次の**グリーンの定理**が成立します．

$$\oint_C (Pdx + Qdy) = \iint_S \left(\frac{\partial Q}{\partial x} - \frac{\partial P}{\partial y}\right)dxdy$$

ここで，$P = u + iv$, $Q = iu - v$ とおくと，コーシー・リーマンの関係式より，

$$\oint_C f(z)dz = \iint_S \left[-\left(\frac{\partial u}{\partial y} + \frac{\partial v}{\partial x}\right) + i\left(\frac{\partial u}{\partial x} - \frac{\partial v}{\partial y}\right)\right]dxdy = 0$$

が導かれます．

補足

図 9-1 を用いて，**グリーンの定理**を導出します．xy 平面上の積分路 C を，図のように x, y の最大値と最小値により 4 分割します．点 a から b を通り点 c に至る曲線上の点における y の値を $y_1 = f_1(x)$, 関数 P の値を $P_1(x)$ で表します．さらに，点 a から d を通り点 c に至る曲線上の点における y の値を $y_2 = f_2(x)$, 関数 P の値を $P_2(x)$ とします．ここで，変数 x, y の積分の順序を交換することができるので，以下の式が導かれます．

$$\iint_S \frac{\partial P}{\partial y}dxdy = \int_{x_a}^{x_c}\int_{y_1}^{y_2}\frac{\partial P}{\partial y}dydx = \int_{x_a}^{x_c}\int_{f_1(x)}^{f_2(x)}dP\,dx = \int_{x_a}^{x_c}\Big[P(x)\Big]_{f_1(x)}^{f_2(x)}dx$$

$$= \int_{x_a}^{x_c}\{P_2(x) - P_1(x)\}dx = -\int_{x_c}^{x_a}P_2(x)dx - \int_{x_a}^{x_c}P_1(x)dx = -\oint_C Pdx$$

同様に，点 b から a を通り点 d に至る曲線上の点における x を $x_1 = g_1(y)$, 関数 Q の値を $Q_1(y)$ で表します．また，点 b から c を通り点 d に至る曲線上の点における x を $x_2 = g_2(y)$, 関数 Q の値を $Q_2(y)$ とします．

$$\iint_S \frac{\partial Q}{\partial x}dxdy = \int_{y_b}^{y_d}\int_{x_1}^{x_2}\frac{\partial Q}{\partial x}dxdy = \int_{y_b}^{y_d}\int_{g_1(y)}^{g_2(y)}dQ\,dy = \int_{y_b}^{y_d}\Big[Q(y)\Big]_{g_1(y)}^{g_2(y)}dy$$

$$= \int_{y_b}^{y_d}\{Q_2(y) - Q_1(y)\}dy = \int_{y_b}^{y_d}Q_2(y)dy + \int_{y_d}^{y_b}Q_1(y)dy = \oint_C Qdy$$

これより，
$$\oint_C (Pdx + Qdy) = \iint_S \left(\frac{\partial Q}{\partial x} - \frac{\partial P}{\partial y} \right) dxdy$$
が成立し，**グリーンの定理**が導かれました．

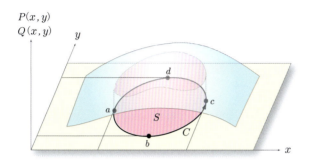

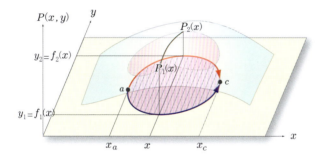

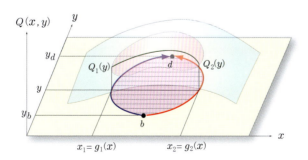

図 **9-1** グリーンの定理

モレラの定理について

コーシーの積分定理は，正則な関数の積分において積分経路が変更できることを示していますが，原始関数の性質から，この定理を逆にした次の**モレラ (Morera) の定理**が導かれます．

関数 $f(z)$ が単連結領域 D において連続で，D 内の任意の閉曲線 C について，

$$\oint_C f(z)dz = 0$$

が成立するとき，$f(z)$ は D で正則となる．

なお，コーシーの積分定理は多重連結領域 D においても成立します．

例えば，図 **9-2** に示す三重連結領域において，反時計方向の正の向きに積分路 C, C_1, C_2 をとったとき，図のように積分路を変更することにより，

$$\oint_C f(z)dz = \oint_{C_1} f(z)dz + \oint_{C_2} f(z)dz$$

が導かれます．なお，同様の関係は一般の多重連結においても成立します．

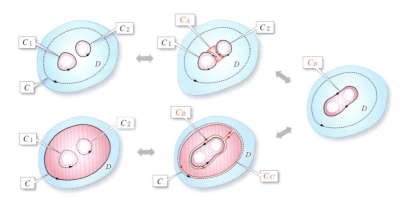

図 **9-2** 三重連結領域における積分路の変更

関数 $f(z) = z^n$ の原点を囲む周回積分について

関数 $f(z) = z^n$ を原点の周りで正方向に周回積分します．ここで n は整数であり，負のとき $z = 0$ は極（$|n|$ 位）となります．コーシーの積分定理より，積分路 C として原点を囲む任意の閉曲線を用いることができるので，ここでは，原点を中心とする半径 r の円を用います．$z = re^{i\theta}$ とおくと，$dz = ire^{i\theta}d\theta$ となり，偏角 θ を 0 から 2π まで積分するとき，

$$\oint_C z^n dz = i\int_0^{2\pi} r^{n+1} e^{i(n+1)\theta} d\theta = \begin{cases} 0 & (n \neq -1) \\ 2\pi i & (n = -1) \end{cases}$$

が得られます．ここで図 **9-3** のように，$f(z) = z^n$ は正方向に n 回転，Δz は虚軸の正の向きから正方向に 1 回転します．$f(z)$ と Δz の積の総和は $(n+1)$ 回転しますが，$n \neq -1$ のとき出発点と終点が一致するのでその値は 0 となり，$n = -1$ のとき，すべて虚軸の方向を向き純虚数 $2\pi i$ となります．

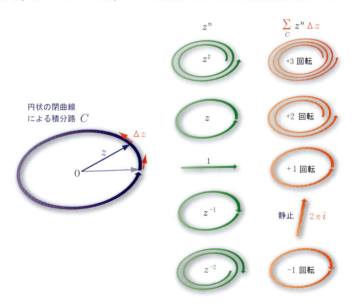

図 **9-3** 関数 $f(z) = z^n$ の原点を囲む周回積分

9.2 コーシーの積分公式

領域 D において正則な関数を $f(z)$ とします．D 内にある正方向の単一閉曲線を C としたとき，C により囲まれる任意の点 $z = a$ について次式が成立し，これを**コーシーの積分公式**と呼びます．

$$f(a) = \frac{1}{2\pi i} \oint_C \frac{f(z)}{z-a} \, dz$$

証 明

$f(z)$ を $z = a$ の周りでテイラー展開すると，

$$f(z) = f(a) + \frac{f'(a)}{1!}(z-a) + \frac{f''(a)}{2!}(z-a)^2 + \cdots$$

となります．これを上式の右辺に代入したとき，定数項の $f(a)$ の積分については，以下のように求められます．

$$\frac{1}{2\pi i} \oint_C \frac{f(a)}{z-a} \, dz = \frac{f(a)}{2\pi i} \oint_C \frac{dz}{z-a} = f(a)$$

一方，定数以外の項については，n を 1 以上の整数として，

$$\frac{1}{2\pi i} \oint_C \frac{f^{(n)}(a)}{n!}(z-a)^{n-1} dz = \frac{f^{(n)}(a)}{2\pi n! \, i} \oint_C (z-a)^{n-1} dz = 0$$

となることから，上に示す積分公式が導かれます．

一般には，複素変数を $a \to z$，$z \to \zeta$ のように入れ替えた以下の式が用いられます．なお，$\dfrac{1}{\zeta - z}$ を**コーシー核**と呼ぶことがあります．

$$f(z) = \frac{1}{2\pi i} \oint_C \frac{f(\zeta)}{\zeta - z} \, d\zeta$$

この式は，ある領域の境界とその内部で正則となる関数は，その境界線上の値によりその内部の関数の値が定まることを示しています．

コーシーの積分公式のイメージ

先に示したコーシーの積分公式は，領域 D で正則な関数 $f(z)$ について，D 内の点 a を周回する閉曲線 C 上の $\frac{f(z)}{z-a}$ の値を積分すると，$f(a)$ の値が抽出されるという不思議な公式です．

山の形に例えるならば，山頂を取り巻くように山腹を 1 周する道の状態が決まれば，頂上の高さや位置をはじめ，その周辺の様子がすべて定まることを意味しています．この事実は，正則な複素関数の各部分が，それぞれ統一されたある秩序に基く挙動を示すことを表しています．

以下，そのイメージを図 **9-4** を用いて整理しましょう．

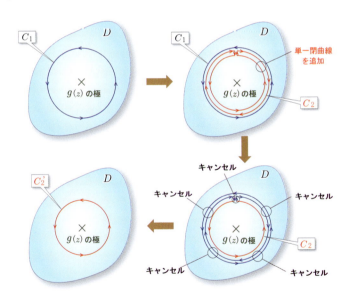

図 9-4 　$\frac{f(z)}{z-a}$ の周回積分における積分路の変形操作

関数 $f(z)$ は，積分路 C の内部で正則となるので，この $f(z)$ と $g(z) = \frac{1}{z-a}$ の積 $\frac{f(z)}{z-a}$ は，$z = a$ に 1 位の極をもつことになり，C の内部ではその特異点を除いて正則になります．コーシーの積分定理から，特異点 $z = a$ を跨が

ない限り，D 内でその積分路 C を変更しても，積分の値に変わりはありません．

　$f(z)$ が正則となる領域 D の内部に，$g(z) = \frac{1}{z-a}$ の 1 位の極 $z = a$ があり，$\frac{f(z)}{z-a}$ を積分路 C_1 を用いて周回積分します．

　次に，C_1 の内部に接するよう，新たな単一閉曲線 C_2 を設定しますが，コーシーの積分定理から，全体の積分値に変わりはありません．

　このとき右下の図に示すように，C_1 と C_2 の外側の積分路の向きが反転しているため，互いに打ち消しあって無視することができます．

　最終的に，C_2 の内側の積分路 C_2' のみが残留することになり，特異点を跨がないよう C_1 を縮小した結果に等価となります．

　次のステップとして，図 9-5 の下に示すように，領域 D の内部に $z = a$ の特異点を中心とする半径 r の積分路 C を設定し，この半径を限りなく小さな値に近付けることを考えます．

　z 平面の積分路上の点が半径 r の円周上を 1 周するとき，関数の $g(z) = \frac{1}{z-a}$ の実部は右側に傾いた楕円状の閉曲線上を 1 周します．なお虚部は，特異点 $z = a$ を中心に 90° 回転した形状になります．ここで半径の r を小さな値にすると，この楕円は縦方向に細長く引き延ばされた形状になり，$r \to 0$ の極限で，$z = a$ に立てた垂直の線に収斂します．

　一方，正則関数 $f(z)$ の値は $f(a)$ を 1 周する曲線に沿って変化しますが，D 内で正則となるので，$r \to 0$ の極限で一定値 $f(a)$ に収束します．

　コーシーの積分定理から，半径 r をどれほど小さな値に設定しても，積分の値が影響を受けることはありません．そこで，$r \to 0$ の極限をとることにより，積分記号 $\oint$ 内の $f(z)$ を，その外側に移動することが可能となり，

$$\frac{1}{2\pi i} \oint_C \frac{f(z)}{z-a}\, dz = \frac{f(a)}{2\pi i} \oint_C \frac{1}{z-a}\, dz = \frac{f(a)}{2\pi i}\, 2\pi i = f(a)$$

が導かれます．

　なおこの図では，複素関数 $f(z)$ の実部と $\frac{1}{z-a}$ の実部を表しており，それらの虚部については省略しています．$\frac{f(z)}{z-a}$ の実部は，$f(z)$ の実部と $\frac{1}{z-a}$ の実部の積のみならず，$f(z)$ の虚部と $\frac{1}{z-a}$ の虚部の積を差し引いた値になっている点に注意が必要です．

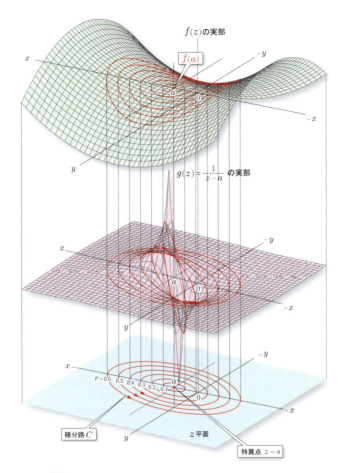

図 9-5　$\frac{f(z)}{z-a}$ の特異点 $z = a$ を中心とする半径 r の周回積分のイメージ

9.3　平均値の定理

コーシーの積分公式の積分路 C を，中心 a，半径 r の円周上に設定します．

すなわち，$z = a + re^{i\theta}$ のとき，$dz = ire^{i\theta}d\theta$ となるので，

$$f(a) = \frac{1}{2\pi i}\int_0^{2\pi}\frac{f(a+re^{i\theta})}{re^{i\theta}}ire^{i\theta}d\theta = \frac{1}{2\pi}\int_0^{2\pi}f(a+re^{i\theta})d\theta$$

が得られます．この式は，正則関数 $f(z)$ の定義域を D として，D 内の点 a における関数値 $f(a)$ が，a を中心とする D 内の円周上における $f(z)$ の平均値に等しいことを示しており，**平均値の定理**といいます．

9.4 グルサの定理

コーシーの積分公式の両辺を z で微分すると，次式が得られます．

$$f'(z) = \frac{1}{2\pi i}\oint_C \frac{f(\zeta)}{(\zeta - z)^2}d\zeta$$

ここで，積分と微分の順序を交換しています．上式をさらに z で微分すると，

$$f''(z) = \frac{2}{2\pi i}\oint_C \frac{f(\zeta)}{(\zeta - z)^3}d\zeta$$

となります．これより，以下に示す**グルサ (Goursat) の定理**が導かれます．

定理 $f(z)$ が領域 D において正則ならば，$f(z)$ は D 内の任意の z において**何回でも微分可能**であり，n 次の導関数は，

$$f^{(n)}(z) = \frac{n!}{2\pi i}\oint_C \frac{f(\zeta)}{(\zeta - z)^{n+1}}d\zeta$$

で与えられる．ただし，C は D 内にあって z を囲む単一閉曲線である．

実関数の場合，その自由度が極めて高く，常にテイラー級数に展開できるとは限りません．すなわち，実関数全体から見ると，無限回微分可能という条件を満たす関数はある特別なものとして位置付けられます．

これに対し，正則な複素関数は常にテイラー展開可能であり，正則関数とベキ級数が本質的な部分で深く結び付いていることが分かります．

第10章
ローラン展開

　6章のテイラー展開では，ある領域 D 内で正則となる複素関数 $F(z)$ は，D 内の点 a を中心とする $(z-a)^n$ の項からなるベキ級数により表されることを示しましたが，このテイラー級数には，以下の問題が残されていました．

(1) テイラー級数は，n が 0 以上の整数となる一般的なベキ級数であるため z の絶対値が大きくなるとある収束円の外側で発散することがあり，その場合級数の表現自体が意味をなさないこと．

(2) ベキ級数の各項 $(z-a)^n$ の係数は，$F(z)$ の $z=a$ における n 階微分 $F^{(n)}(a)$ を用いて表されるため，$F(z)$ が $z=a$ に極を有するとき微分不可能となり，その係数が定まらないこと．

　一方，**1章**のリーマン球面の項で触れたように，新たな変数を $\zeta - a = \frac{1}{z-a}$ のように定義することにより，z 平面上の a を中心とする収束円の内部は，ζ 平面の a を中心とする収束円の外側に 1 対 1 に写像されます．この性質は 1 次変換における円々対応と呼ばれますが，z 平面の収束円の外側が，n を負の整数とする負のベキ級数により表されることを示しています．

　さらに，前章で示したグルサの定理を用いることにより，$F(z)$ の $z=a$ における n 階微分 $F^{(n)}(a)$ の代わりに，$z=a$ を周回する積分形式で表現することが可能です．

　ここで述べるローラン展開は，テイラー展開におけるベキ級数の n を負の領域まで拡張し，それらの係数を周回積分の形で表現するすることにより，上記の問題を回避するものであり，これによりベキ級数の表現が完全なものになったといえるでしょう．

10.1 ローラン展開の定義

図 **10-1** の左に示すように,$z = a$ を中心とするローラン展開において,$r_2 > r_1$ として,a を中心とする半径 r_1 の積分路を C_1,半径 r_2 の積分路を C_2 とします.

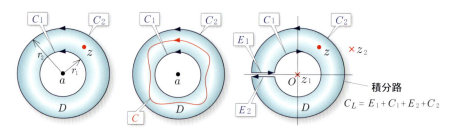

図 **10-1** ローラン展開における円環領域 D とその積分路 C_L

この C_1 と C_2 で囲まれたドーナッツ状の領域 D を**円環領域**と呼び,中央の図のように D 内にあって,$z = a$ を正方向に周回する単一閉曲線の積分路を C とします.ここで,1 価関数の $f(z)$ が円環領域 D において正則となるとき,$r_1 < |z - a| < r_2$ を満たす任意の z について,以下のようなベキ級数に展開することができ,その操作を**ローラン展開**,ベキ級数を**ローラン級数**と呼びます.

$$f(z) = \cdots + \frac{c_{-2}}{(z-a)^2} + \frac{c_{-1}}{z-a} + c_0 + c_1(z-a) + c_2(z-a)^2 + c_3(z-a)^3 + \cdots$$

$$= \sum_{n=-\infty}^{\infty} c_n(z-a)^n$$

ここで,係数の c_n は以下のような周回積分路 C を用いた積分形式で表されます.

$$c_n = \frac{1}{2\pi i} \oint_C \frac{f(\zeta)}{(\zeta - a)^{n+1}} \, d\zeta \qquad (n = \cdots, -2, -1, 0, 1, 2, \cdots)$$

なお，負のベキ乗の部分

$$\frac{c_{-1}}{z-a} + \frac{c_{-2}}{(z-a)^2} + \frac{c_{-3}}{(z-a)^3} + \cdots = \sum_{n=-1}^{-\infty} c_n(z-a)^n$$

を**主要部**と称し，その中の -1 次の項 $\frac{c_{-1}}{z-a}$ は，次章で述べる留数の定理等で重要な役割を果たします．なお，$z=a$ において $f(z)$ が微分不可能なとき，係数の c_n が不定となるためテイラー級数は定まりませんが，ローラン展開の場合，c_n が積分形式で与えられるので，ローラン級数が確定します．

ここで，例えば $a=0$ とおくと原点の $z=0$ を中心にローラン展開することになり，次式のように簡略化されます．

$$f(z) = \cdots + \frac{c_{-2}}{z^2} + \frac{c_{-1}}{z} + c_0 + c_1 z + c_2 z^2 + c_3 z^3 + \cdots = \sum_{n=-\infty}^{\infty} c_n z^n$$

$$c_n = \frac{1}{2\pi i} \oint_C \frac{f(\zeta)}{\zeta^{n+1}} d\zeta \qquad (n = \cdots, -2, -1, 0, 1, 2, \cdots)$$

以下，この簡略化された場合について，そのローラン級数が導出される過程を示しましょう．

すなわち $a=0$ として，原点の $z=0$ を中心に $f(z)$ をローラン展開します．

右の図に示すように，積分路 C_L は $C_L = E_1 + C_1 + E_2 + C_2$ のように分割することができるので，C_L 内の任意の点 z において正則となる $f(z)$ に，コーシーの積分公式を適用することにより，次のように表すことができます．

$$f(z) = \frac{1}{2\pi i} \oint_{C_L} \frac{f(\zeta)}{\zeta - z} d\zeta$$

$$= -\frac{1}{2\pi i} \oint_{-C_1} \frac{f(\zeta)}{\zeta - z} d\zeta + \frac{1}{2\pi i} \int_{E_1} \frac{f(\zeta)}{\zeta - z} d\zeta + \frac{1}{2\pi i} \oint_{C_2} \frac{f(\zeta)}{\zeta - z} d\zeta + \frac{1}{2\pi i} \int_{E_2} \frac{f(\zeta)}{\zeta - z} d\zeta$$

なお，右の図では積分路 C_1 の向きを，これまでと逆の時計方向に変更している点に注意が必要です．また，積分記号の $\oint_C$ の C が正の反時計方向に限定されているため，$\overset{\text{マイナス}}{-}$ を付け，$\pm$ の符号を反転しています．

ここで，積分路の E_1 と E_2 は方向が逆の関係にあり，$E_1 = -E_2$ が成立するので，上式の第2項と第4項は打ち消され無視することができます。

第1項の積分路 C_1 はベキ級数で表す点 z の内側にあり，$\left|\frac{\zeta}{z}\right| < 1$ が成立するので，次のような無限等比級数で表されます。

$$\frac{1}{\zeta - z} = -\frac{1}{z}\frac{1}{1 - \frac{\zeta}{z}} = -\frac{1}{z}\left\{1 + \frac{\zeta}{z} + \frac{\zeta^2}{z^2} + \frac{\zeta^3}{z^3} + \cdots\right\}$$

これより，第1項は

$$-\frac{1}{2\pi i}\oint_{-C_1}\frac{f(\zeta)}{\zeta - z}d\zeta = \frac{1}{2\pi i}\oint_{-C_1}f(\zeta)\left\{\frac{1}{z} + \frac{\zeta}{z^2} + \frac{\zeta^2}{z^3} + \cdots\right\}d\zeta = \sum_{n=-\infty}^{-1}c_n z^n$$

のように負のベキ級数で表すことができ，係数の c_n は次式で与えられます。

$$c_n = \frac{1}{2\pi i}\oint_{-C_1}\frac{f(\zeta)}{\zeta^{n+1}}d\zeta \qquad (n = -1, -2, -3, \cdots)$$

一方，第3項の積分路 C_2 は注目する点 z の外側にあり，$\left|\frac{z}{\zeta}\right| < 1$ が成立するので，

$$\frac{1}{\zeta - z} = \frac{1}{\zeta}\frac{1}{1 - \frac{z}{\zeta}} = \frac{1}{\zeta}\left\{1 + \frac{z}{\zeta} + \frac{z^2}{\zeta^2} + \frac{z^3}{\zeta^3} + \cdots\right\}$$

となり，テイラー展開のように，以下に示す一般のベキ級数（非負）で表すことができます。

$$\frac{1}{2\pi i}\oint_{C_2}\frac{f(\zeta)}{\zeta - z}d\zeta = \frac{1}{2\pi i}\oint_{C_2}f(\zeta)\left\{\frac{1}{\zeta} + \frac{z}{\zeta^2} + \frac{z^2}{\zeta^3} + \cdots\right\}d\zeta = \sum_{n=0}^{\infty}c_n z^n$$

$$c_n = \frac{1}{2\pi i}\oint_{C_2}\frac{f(\zeta)}{\zeta^{n+1}}d\zeta \qquad (n = 0, 1, 2, \cdots)$$

ここで，積分路の $-C_1$ と C_2 は，いずれも円環領域内を正方向に周回する単一閉曲線であり，コーシーの積分定理より領域内でその経路を変更することができるので，2つの積分路を $-C_1 = C_2 = C$ のように統合して，第1項と第3項をひとまとめにし，$(n = \cdots, -2, -1, 0, 1, 2, \cdots)$ として，次式が導かれます。

$$f(z) = \sum_{n=-\infty}^{-1}c_n z^n + \sum_{n=0}^{\infty}c_n z^n = \sum_{n=-\infty}^{\infty}c_n z^n \qquad c_n = \frac{1}{2\pi i}\oint_C \frac{f(\zeta)}{\zeta^{n+1}}d\zeta$$

10.1 ローラン展開の定義

次に，この積分操作により，係数 c_n が求められる理由について補足します．

$f(z)$ の $z=0$ を中心とするローラン展開により，積分路 C を含む円環領域において，次のようなベキ級数に展開されたとします．なお，z^{-1} の項を赤で示しています．

$$f(z) = \cdots + \frac{c_{-2}}{z^2} + \frac{c_{-1}}{z} + c_0 + c_1 z + c_2 z^2 + c_3 z^3 + \cdots$$

ここで $n=0$ のとき，

$$\frac{f(\zeta)}{\zeta^{0+1}} = \frac{f(\zeta)}{\zeta} = \cdots + \frac{c_{-2}}{\zeta^3} + \frac{c_{-1}}{\zeta^2} + \frac{c_0}{\zeta} + c_1 + c_2 \zeta + c_3 \zeta^2 + \cdots \quad \to \quad c_0$$

となり，$\frac{1}{\zeta}$ の係数 c_0 が得られます．これは，先に図 **9-3** で示した 1 位の極における周回積分の性質によるものです．

次に $n=-1$ とおくと

$$\frac{f(\zeta)}{\zeta^{-1+1}} = f(\zeta) = \cdots + \frac{c_{-2}}{\zeta^2} + \frac{c_{-1}}{\zeta} + c_0 + c_1\zeta + c_2\zeta^2 + c_3\zeta^3 + \cdots \quad \to \quad c_{-1}$$

のようになり，これを変数の ζ で周回積分することにより，$\frac{1}{\zeta}$ の係数 c_{-1} が求まります．

さらに $n=-2$ とおくと，

$$\frac{f(\zeta)}{\zeta^{-2+1}} = \zeta f(\zeta) = \cdots + \frac{c_{-2}}{\zeta} + c_{-1} + c_0 \zeta + c_1 \zeta^2 + c_2 \zeta^3 + c_3 \zeta^4 + \cdots \quad \to \quad c_{-2}$$

となり，積分操作により $\frac{1}{\zeta}$ の係数 c_{-2} が得られることが分かります．

このように，$f(z)$ が既にローラン展開されているとして，$c_n \zeta^n$ の項が -1 次の ζ^{-1} にシフトするよう，$\zeta^{-n-1} = \frac{1}{\zeta^{n+1}}$ を乗じて周回積分を行うことになりますが，c_n の値が既に確定しているのであれば，わざわざシフトしてまでローラン級数を求める必要はありません．

このため，一般的にはローラン展開されていない $f(z)$ から直接 c_n を求めることになります．その詳細は後ほど述べますが，最も単純な部分分数の和の形に展開したり，主要部が有限の項数に限定されている場合は，これに $(z-a)^m$ を乗じることにより 0 次以上に追いやり，主要部のないテイラー級数として計算する方法等が用いられています．

例題 1　関数 $f_1(z) = \dfrac{\cos z}{z^2}$ を $z=0$ を中心にローラン展開しなさい.

$\cos z$ のマクローリン展開は,

$$\cos z = 1 - \frac{z^2}{2!} + \frac{z^4}{4!} - \frac{z^6}{6!} + \cdots$$

となるので,

$$f_1(z) = \frac{\cos z}{z^2} = \frac{1}{z^2} - \frac{1}{2!} + \frac{z^2}{4!} - \frac{z^4}{6!} + \cdots$$

となり, $z=0$ が 2 位の極となることが分かります.

例題 2　関数 $f_2(z) = \dfrac{\sin z}{z}$ を $z=0$ を中心にローラン展開しなさい.

$\sin z$ のマクローリン展開は,

$$\sin z = z - \frac{z^3}{3!} + \frac{z^5}{5!} - \frac{z^7}{7!} + \cdots$$

となるので,

$$f_2(z) = \frac{\sin z}{z} = 1 - \frac{z^2}{3!} + \frac{z^4}{5!} - \frac{z^6}{7!} + \cdots$$

が導かれます. なお主要部がないので, $f_2(z)$ の $z=0$ は**除去可能な特異点**と呼ばれます.

例題 3　関数 $f_3(z) = z\, e^{\frac{1}{z}}$ を $z=0$ を中心にローラン展開しなさい.

指数関数の定義より,

$$e^{\frac{1}{z}} = 1 + \frac{1}{1!}\frac{1}{z} + \frac{1}{2!}\frac{1}{z^2} + \frac{1}{3!}\frac{1}{z^3} + \cdots$$

となるので,

$$f_3(z) = z + 1 + \frac{1}{2!}\frac{1}{z} + \frac{1}{3!}\frac{1}{z^2} + \frac{1}{4!}\frac{1}{z^3} + \cdots$$

が導かれます. なお, $f_3(z)$ の主要部は無限級数となるので, $z=0$ は**真性特異点**となります.

10.2　1位の極を有する有理関数

ここでは，$z = a$ に 1 位の極をもつ有理関数 $F(z) = \frac{b}{z-a}$ を例として，$z = 0$ を中心にローラン展開したときの一般（非負）のベキ級数と，負のベキ級数（主要部）の関係について整理します．

例えば $a = b = 1$ として，有理関数の $F(z) = \frac{1}{z-1}$ を $z = 0$ を中心にローラン展開すると，$|z| < 1$ となる円環領域，すなわち収束円（$|z| = 1$）の内側で，以下に示す一般のベキ級数により表されます．

$$F(z) = \frac{1}{z-1} = -\frac{1}{1-z} = -1 - z - z^2 - z^3 - \cdots$$

一方，$|z| > 1$ となる円環領域，すなわち収束円の外側では，

$$F(z) = \frac{1}{z-1} = \frac{1}{z}\frac{1}{1-\frac{1}{z}} = \frac{1}{z} + \frac{1}{z^2} + \frac{1}{z^3} + \frac{1}{z^4} + \cdots$$

のような負のベキ級数（主要部）で表されます．これらは**図 10-2** に示すように，収束円の $|z| = 1$ を境界として互いに排他的な関係にあり，発散する場合その式自体に意味はない点に注意が必要です．

図の右の赤色の部分は，先に**図 6-5** で示した一般（非負）のベキ級数の低次の成分を示しており，いわゆるテイラー級数に相当します．

一方の左の青色の部分は，負のベキ級数の低次の項，すなわちローラン展開の主要部の形状を表しており，1 位の極である $z = 1$ の近傍で z^{-n} は 1 に近い値になるため，級数の実部の総和は $+\infty$ に向かって発散します．

なお，$F(z)$ の虚部については，**図 2-1** で示したように，$z = 1$ の極を中心に負の時計方向に $\frac{\pi}{2}$ 回転させた形状になります．

このローラン展開の主要部は ∞ に続くため，$z = 0$ に真性特異点があるように見えますが，収束しない収束円の内側にあるため，実際には存在しません．すなわちこの $z = 0$ は，テイラー級数において発散する無限遠点に相当するものと解釈すればよいでしょう．なお，ここでは極が 1 つの場合について示しましたが，複数存在するとき，それらの極を通過する収束円により円環領域は分割されるので，その領域ごとにローラン級数を求める必要があります．

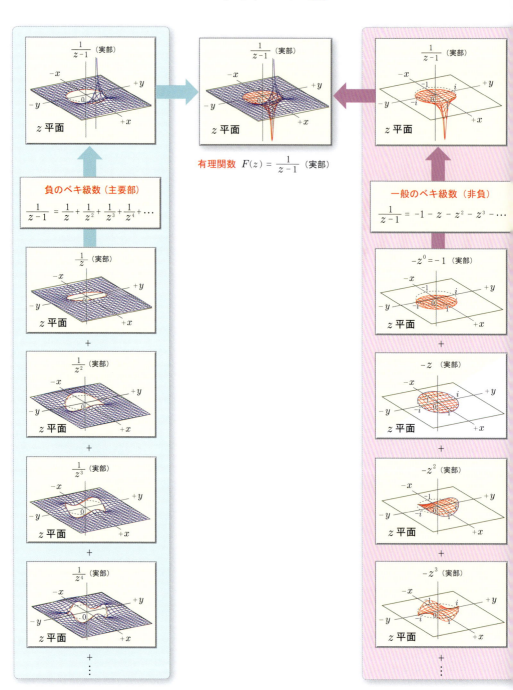

図 **10-2** 有理関数 $F(z) = \frac{1}{z-1}$ の $z=0$ を中心とするローラン展開のイメージ

10.3　2位以上の極を有する有理関数

本節では，m を 1 以上の整数として，$z = d$ に m 位の極を有する有理関数 $G(z) = \frac{b}{(z-d)^m}$ について，d 以外の点 $z = a$ を中心とする**ローラン展開**の一般形を示します．

この場合も，極は $z = d$ に 1 つしか存在しないので，収束円は $z = a$ を中心とする半径 $|d - a|$ の円になり，ローラン展開の円環領域は，その収束円の内側と外側の 2 つに限定されます．

はじめに，**図 10-3** を用いて，$z = d$ に 1 位の極をもつ $G(z) = \frac{b}{z-d}$ のローラン展開の主要部と，テイラー展開の間に存在する対称性について整理し，これを 2 位以上の極をもつ有理関数に拡張します．

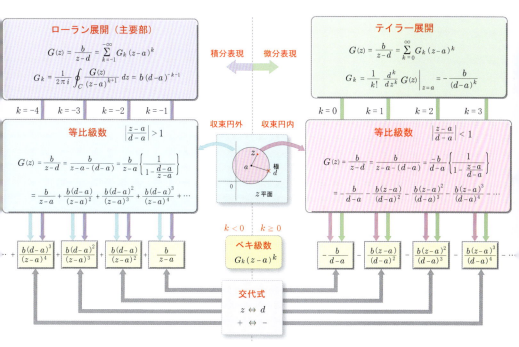

図 10-3　有理関数 $\frac{b}{z-d}$ のテイラー展開とローラン展開における対称性

先に述べたように，**テイラー展開**では，$k = 0, 1, 2, 3, \cdots$ として以下のように，微分による係数を用いたベキ級数で表されます．

$$G(z) = \sum_{k=0}^{\infty} G_k \, (z-a)^k \qquad G_k = \frac{1}{k!} \frac{d^k}{dz^k} \, G(z)\Big|_{z=a}$$

一方，ローラン展開の主要部は，以下に示すように，$k = -1, -2, -3, \cdots$ として $(z-a)^k$ の負のベキ級数の形になります．

$$G(z) = \sum_{k=-1}^{-\infty} G_k \, (z-a)^k \qquad G_k = \frac{1}{2\pi i} \oint_C \frac{G(z)}{(z-a)^{k+1}} \, dz$$

ここで係数の G_k は微分ではなく，展開の中心となる $z = a$ を周回する積分路 C を用いた積分の形で表わされます．

このローラン展開の主要部は，級数の変数 z が中心の a に接近するほど発散しやすくなり，逆に遠ざかるほど急速に 0 に収束するという性質があります．

このため，テイラー級数では発散してしまう収束円の外側の領域を表すことになり，これらは互いに相補的な関係にあります．

ここで，有理関数の $G(z) = \frac{b}{z-d}$ において，変数の z と d を交換すると，$\frac{b}{d-z} = -\frac{b}{z-d}$ のように $\pm$ の符号が反転し，いわゆる**交代式**に該当します．この $G(z)$ をテイラー展開およびローラン展開した級数についても，その関係は受け継がれています．

例えば，テイラー級数の 0 次の項 $-\frac{b}{d-a}$ の z と d を入れ替え $\pm$ の符号を反転させると，ローラン級数の -1 次の項 $\frac{b}{z-a}$ になります．

また，テイラー級数の 1 次の項 $-\frac{b(z-a)}{(d-a)^2}$ と，ローラン級数の -2 次の項 $\frac{b(d-a)}{(z-a)^2}$ についても同様の関係があります．

なお，$a = 0$，$b = d = 1$ とおくと，先に**図 10-2** に示したように，

$$G(z) = \frac{1}{z-1} = \begin{cases} -1 - z - z^2 - z^3 - z^4 - \cdots & (|z| < 1 \text{ のとき}) \\ \frac{1}{z} + \frac{1}{z^2} + \frac{1}{z^3} + \frac{1}{z^4} + \frac{1}{z^5} + \cdots & (|z| > 1 \text{ のとき}) \end{cases}$$

となります．

10.3.1　2位の極をもつ有理関数 $\frac{b}{(z-d)^2}$ の $z=a$ を中心とするローラン展開

はじめに $m=2$ として，$G(z) = \frac{b}{(z-d)^2}$ の $z=a$ を中心とするローラン展開について検討します．ここで，$z=d$ に1位の極をもつ有理関数 $\frac{b}{z-d}$ の収束円は，$z=d$ を中心とする半径 $|a-d|$ の円になりますが，これを m 回微分して得られる m 位の極をもつ関数についても，同じ収束円となることが，6章で示したダランベールの定理から導かれます．

これより，収束円が一致する性質を用いて，

$$\frac{b}{(z-d)^2} = \frac{b}{\{z-a-(d-a)\}^2} = \frac{b}{\{d-a-(z-a)\}^2}$$

のように変形します．ここで，$|r|<1$ のとき以下に示す無限級数について

$$\frac{1}{(1-r)^2} = \{1+r+r^2+r^3+\cdots\}^2$$

$$= 1+r+r^2+r^3+\cdots \ +r+r^2+r^3+r^4+\cdots \ +r^2+r^3+r^4+r^5+\cdots$$

$$= 1+2r+3r^2+4r^3+\cdots$$

の関係が成立するので，先に示した1位の極の場合と同様にして，$G(z)$ は次のように求められます．

● $|z-a| < |d-a|$ のとき（収束円の内側）

$$G(z) = \frac{b}{(d-a)^2}\left\{1+\frac{z-a}{d-a}+\left(\frac{z-a}{d-a}\right)^2+\left(\frac{z-a}{d-a}\right)^3+\cdots\right\}^2$$

$$= \frac{b}{(d-a)^2} + 2\frac{b(z-a)}{(d-a)^3} + 3\frac{b(z-a)^2}{(d-a)^4} + 4\frac{b(z-a)^3}{(d-a)^5} + \cdots$$

● $|z-a| > |d-a|$ のとき（収束円の外側）

$$G(z) = \frac{b}{(z-a)^2}\left\{1+\frac{d-a}{z-a}+\left(\frac{d-a}{z-a}\right)^2+\left(\frac{d-a}{z-a}\right)^3+\cdots\right\}^2$$

$$= \frac{b}{(z-a)^2} + 2\frac{b(d-a)}{(z-a)^3} + 3\frac{b(d-a)^2}{(z-a)^4} + 4\frac{b(d-a)^3}{(z-a)^5} + \cdots$$

ここで，例えば $a = 0, b = d = 1$ とおくと，

$$G(z) = \frac{1}{(z-1)^2} = \begin{cases} 1 + 2z + 3z^2 + 4z^3 + 5z^4 + \cdots & (|z| < 1 \text{ のとき}) \\ \frac{1}{z^2} + \frac{2}{z^3} + \frac{3}{z^4} + \frac{4}{z^5} + \frac{5}{z^6} + \cdots & (|z| > 1 \text{ のとき}) \end{cases}$$

のようになります．

次の図 **10-4** は，これらの級数が収束するイメージを示しています．

ここで，$\frac{1}{(z-1)^2}$ の実部の等高線は，先に図 **2-15(b)** に示したように，z 平面上の 2 位の極 $z = 1$ を中心とする 8 の字のようなバラ曲線になり，z 平面の各点の高さは $z = 1$ の極からの距離の平方根に反比例し，そこから離れるほど急速に 0 に減衰します．

また，z 平面の上部では 8 の字を縦方向に貫く軸線は実軸上にあり，z 平面の下部では $\frac{\pi}{2}$ 回転し，虚軸に平行な直線上にあります．

なお，$\frac{1}{(z-1)^2}$ の虚部の等高線は，**2** 章で述べたように，実部の等高線を極を中心に負の時計方向に $\frac{\pi}{4}$ 回転させた形状になります．

先に示した 1 位の極を有する $F(z) = \frac{1}{z-1}$ が，

$$F(z) = \frac{1}{z-1} = \begin{cases} -1 - z - z^2 - z^3 - z^4 - \cdots & (|z| < 1 \text{ のとき}) \\ \frac{1}{z} + \frac{1}{z^2} + \frac{1}{z^3} + \frac{1}{z^4} + \frac{1}{z^5} + \cdots & (|z| > 1 \text{ のとき}) \end{cases}$$

となるので，これらを比較すると，-1 次の $\frac{1}{z}$ の項が失われ，右側の z^k の -1 の係数は $(k+1)$ に，左側の $\frac{1}{z^k}$ の係数の 1 は $(k-1)$ に入れ替わっています．なお各項の係数が大きくなるため，その全体像を示すため，縦軸のスケールを $\frac{1}{4}$ に圧縮して表示しています．

ここで，

$$\frac{d}{dz} F(z) = \frac{d}{dz} \frac{1}{z-1} = -\frac{1}{(z-1)^2} = -G(z)$$

の関係があることに気付きます．

これを $z = 1$ に m 位の極を有する有理関数に拡張すると，

$$\frac{d}{dz} \frac{1}{(z-1)^m} = -m \frac{1}{(z-1)^{m+1}}$$

が成立するので，これらを用いて高次の極をもつ有理関数のローラン展開を求めることが可能です．

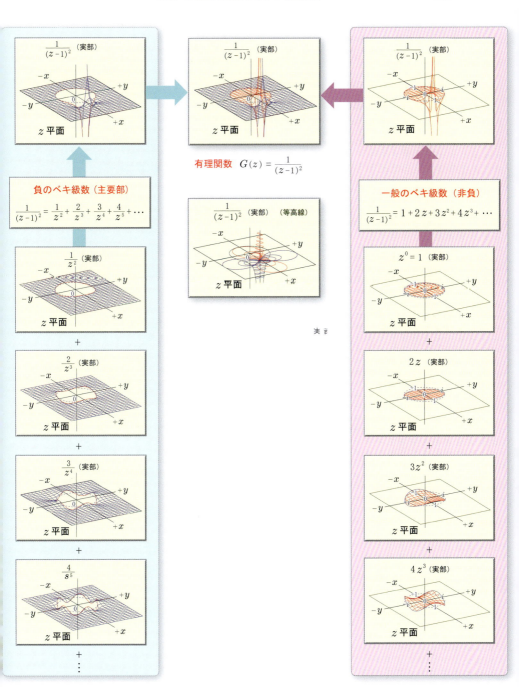

図 **10-4** 有理関数 $G(z) = \frac{1}{(z-1)^2}$ の $z = 0$ におけるローラン展開のイメージ

10.3.2　$z = d$ に m 位の極をもつ有理関数 $\frac{b}{(z-d)^m}$ の $z = a$ を中心とするローラン展開

これまでは $m = 2$ の場合について検討しましたが，m が 3 以上のとき，無限級数の積を直接展開すると計算量が膨れ上がるので，別のアプローチを探る必要があります．

次の図 **10-5** に，$z = d$ に m 位の極を有する有理関数 $G(z) = \frac{b}{(z-d)^m}$ について，これを $z = a$ を中心にローラン展開して得られる一般（非負）のベキ級数と，負のベキ級数（主要部）の関係を示します．

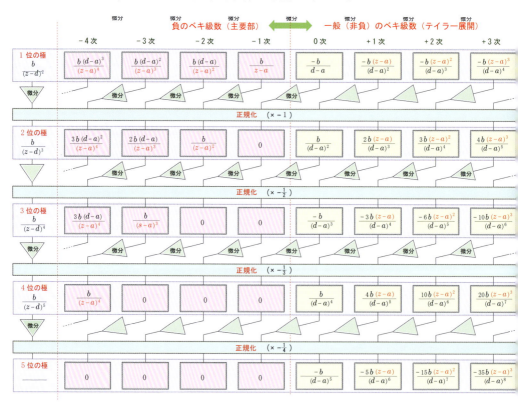

図 **10-5**　有理関数 $G(z) = \frac{b}{(z-d)^m}$ の $z = a$ におけるローラン展開

10.3　2位以上の極を有する有理関数

ここで，$z = d$ に m 位の極をもつ有理関数 $\frac{b}{(z-d)^m}$ を z で微分すると，$z \neq d$ のとき，

$$\frac{d}{dz}\left\{\frac{b}{(z-d)^m}\right\} = -\frac{m\,b}{(z-d)^{m+1}}$$

のようになり，$m+1$ 位の極をもつ関数が生成されることが分かります．

図の左端は，展開操作の対象となる有理関数 $\frac{b}{(z-d)^m}$ ($m = 1, 2, \cdots, 5$) を示していますが，例えば，1位の極をもつ $\frac{b}{z-d}$ を z で微分し，これを -1 倍して正規化すると2位の極の有理関数 $\frac{b}{(z-d)^2}$ が得られます．2位以上の有理関数についても同様であり，微分操作と係数の補正（**正規化**）を繰り返すことにより，より高位の有理関数を求めることができます．

図の右側は，m 位の極を有する有理関数 $G(z) = \frac{b}{(z-d)^m}$ の一般（非負）のベキ級数を，その左は負のベキ級数（主要部）を示しています．

これらの級数は，それぞれの収束域で一様収束するので項別微分可能となり，m 位の極をもつ関数の各項を変数の z で微分することより，$(m+1)$ 位の極をもつ関数の各項を導出することが可能です．すなわち，これらの級数展開により得られた各項を z で微分すると，$(z-d)$ の次数が1つ減って左側にシフトするので，これを $-\frac{1}{m}$ 倍して正規化することにより，$(m+1)$ 位の極の有理関数 $\frac{b}{(z-d)^{m+1}}$ を展開した結果が得られることが分かります．なお，0次の定数項を z で微分すると0となるので，-1 次から $-(m-1)$ 次までの項は0になる点に注意が必要です．先に述べたように，級数が発散するときその式の意味はなく，いずれか片方の級数のみ有効となる点に注意が必要です．また $|z-a| = |d-a|$，すなわち z が収束円の円周上にあるときは不定となり，z の値により収束したり発散したりします．

次に，一般（非負）のベキ級数と負のベキ級数（主要部）の間に存在する**対称性**について検討します．

図 10-5 に示したように，$z = d$ に m 位の極を有する有理関数 $G(z) = \frac{b}{(z-d)^m}$ を $z = a$ を中心にローラン展開すると，-1 次から $-(m-1)$ 次までの係数は0になります．そこで，微分した結果0になる係数は無視し，$\frac{b}{(z-d)^m}$ の係数を $(m-1)$ だけ右にシフトさせて表示すると，次の図 **10-6** のようになります．

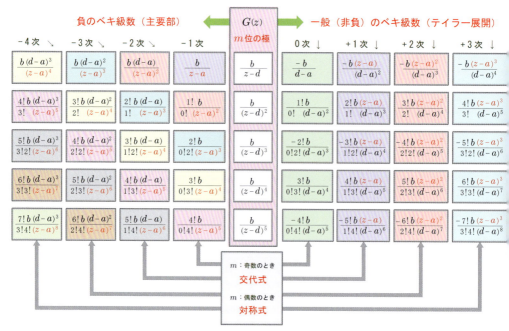

図 10-6 有理関数 $G(z) = \frac{b}{(z-d)^m}$ の $z=a$ におけるローラン展開の対称性

例えば m が奇数のとき，図の中央に示す有理関数の $G(z) = \frac{b}{(z-d)^m}$ について，分母の z と d を入れ替えると，

$$\frac{b}{(d-z)^m} = -\frac{b}{(z-d)^m}$$

のように $\pm$ の符号が反転し，いわゆる**交代式**になります．

一方，m が偶数の場合は，z と d を交換しても式の形は変わらないので，**対称式**になります．

なお，有理関数の $G(z)$ をベキ級数に展開したそれぞれの項についても，同様の関係が成立していることが分かります．

このように，m を正の整数として $\frac{b}{(z-d)^m}$ のような対称性のある複素関数の場合，上で示したローラン展開の対称性を用いることにより，一般（非負）のベキ級数から負のベキ級数，あるいは負のベキ級数から一般（非負）のベキ級数を簡単に求めることが可能です．

10.4 複数の 1 位の極を有する有理関数

先に 1 位の極を有する有理関数 $\frac{b}{z-a}$ について，$z=0$ を中心とするローラン展開を行い，一般のベキ級数（非負）と負のベキ級数（主要部）が，収束円の内側と外側で役割分担することを示しましたが，ここでは複数の 1 位の極を有する一般的な有理関数 $F(z)$ について，$z=0$ を中心とする**ローラン展開**を行い，$F(z)$ を構成する部分分数と**円環領域**との関係について整理します．

例えば，$0<|b|<|d|$ として $z=0$, b, d に 1 位の極を有する次の有理関数 $F(z)$ について，$z=0$ を中心とするローラン級数を求めます．

$$F(z) = \frac{pz^2+qz+r}{z(z-b)(z-d)}$$

この場合，ローラン展開の円環領域は，原点の $z=0$ と，原点を中心とする 2 つの円 $|z|=|b|$, $|z|=|d|$ により，**図 10-7** の上に示す 3 つの領域 I, II, III に区分され，これらの領域ごとにローラン級数を求める必要があります．

次にローラン級数の円環領域と，これを構成するベキ級数の関係を明らかにするため，$F(z)$ を**部分分数**に展開すると，

$$F(z) = \frac{pz^2+qz+r}{z(z-b)(z-d)} = \frac{r}{bdz} + \frac{pb^2+qb+r}{b(b-d)(z-b)} + \frac{pd^2+qd+r}{d(d-b)(z-d)}$$

のように変形されます．ここで，式を見やすくするため，

$$A = \frac{r}{bd} \qquad B = \frac{pb^2+qb+r}{b(b-d)} \qquad D = \frac{pd^2+qd+r}{d(d-b)}$$

となる新たな定数 A, B, D を用いて，

$$F(z) = \frac{A}{z} + \frac{B}{z-b} + \frac{D}{z-d}$$

のように表すことにします．

以下，3 つの**円環領域** I, II, III ごとに，$F(z)$ のローラン級数を求めてみましょう．

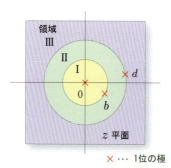

× … 1位の極

$F(z)$ の 部分分数	領域 I $|z|<|b|$	領域 II $|b|<|z|<|d|$	領域 III $|z|>|d|$
$\dfrac{A}{z}$ 1位の極 0	$\dfrac{A}{z}$ （負のベキ級数）	$\dfrac{A}{z}$ （負のベキ級数）	$\dfrac{A}{z}$ （負のベキ級数）
$\dfrac{B}{z-b}$ 1位の極 b	$-\dfrac{B}{b}-\dfrac{Bz}{b^2}-\dfrac{Bz^2}{b^3}-\dfrac{Bz^3}{b^4}-\cdots$ （一般のベキ級数）	$\dfrac{B}{z}+\dfrac{Bb}{z^2}+\dfrac{Bb^2}{z^3}+\dfrac{Bb^3}{z^4}+\cdots$ （負のベキ級数）	$\dfrac{B}{z}+\dfrac{Bb}{z^2}+\dfrac{Bb^2}{z^3}+\dfrac{Bb^3}{z^4}+\cdots$ （負のベキ級数）
$\dfrac{D}{z-d}$ 1位の極 d	$-\dfrac{D}{d}-\dfrac{Dz}{d^2}-\dfrac{Dz^2}{d^3}-\dfrac{Dz^3}{d^4}-\cdots$ （一般のベキ級数）	$-\dfrac{D}{d}-\dfrac{Dz}{d^2}-\dfrac{Dz^2}{d^3}-\dfrac{Dz^3}{d^4}-\cdots$ （一般のベキ級数）	$\dfrac{D}{z}+\dfrac{Dd}{z^2}+\dfrac{Dd^2}{z^3}+\dfrac{Dd^3}{z^4}+\cdots$ （負のベキ級数）
全体（総和） $F(z)=$ $\dfrac{A}{z}+\dfrac{B}{z-b}$ $+\dfrac{D}{z-d}$	$\dfrac{A}{z}$ $-\left(\dfrac{B}{b}+\dfrac{D}{d}\right)-\left(\dfrac{B}{b^2}+\dfrac{D}{d^2}\right)z$ $-\left(\dfrac{B}{b^3}+\dfrac{D}{d^3}\right)z^2-\left(\dfrac{B}{b^4}+\dfrac{D}{d^4}\right)z^3$ $-\left(\dfrac{B}{b^5}+\dfrac{D}{d^5}\right)z^4-\cdots$	$\dfrac{A+B}{z}$ $+\dfrac{Bb}{z^2}+\dfrac{Bb^2}{z^3}+\dfrac{Bb^3}{z^4}+\cdots$ $-\dfrac{D}{d}-\dfrac{Dz}{d^2}-\dfrac{Dz^2}{d^3}-\dfrac{Dz^3}{d^4}-\cdots$	$\dfrac{A+B+D}{z}+\dfrac{Bb+Dd}{z^2}$ $+\dfrac{Bb^2+Dd^2}{z^3}+\dfrac{Bb^3+Dd^3}{z^4}$ $+\dfrac{Bb^4+Dd^4}{z^5}+\cdots$

図 10-7 $F(z)$ の円環領域（I, II, III）におけるローラン展開

(1) 領域 I について

図の領域 I については，その内側に第 1 項の極 $(z=0)$ があり，ローラン展開の中心と重なっています．このとき，原点を除くすべての点 z が半径 0 の収束円の外側にあるので，**ローラン展開の主要部の項**として，$\dfrac{A}{z}$ のように表されます．

一方,第 2 項の極 $(z = b)$ と第 3 項の極 $(z = d)$ はその外側に位置し,$|z| < |b|$ および $|z| < |d|$ が成立するので,いわゆるテイラー展開と同様にして,一般のベキ級数を用いて,

$$\frac{B}{z-b} = -\frac{B}{b} - \frac{Bz}{b^2} - \frac{Bz^2}{b^3} - \cdots \qquad \frac{D}{z-d} = -\frac{D}{d} - \frac{Dz}{d^2} - \frac{Dz^2}{d^3} - \cdots$$

のように表されます.

(2) 領域 II について

領域 II では,原点の $(z = 0)$ に加え,極 $(z = b)$ がその内側の領域に含まれるので $|z| > |b|$ が成立し,以下に示すように第 2 項は,負のベキ級数(主要部)により表されます.

$$\frac{B}{z-b} = \frac{B}{z}\left(\frac{1}{1-\frac{b}{z}}\right) = \frac{B}{z} + \frac{Bb}{z^2} + \frac{Bb^2}{z^3} + \frac{Bb^3}{z^4} + \cdots$$

(3) 領域 III について

領域 III では,3 つの極すべてがその内側に含まれるので,いずれも負のベキ級数(主要部)により表されます.このとき $|z| > |d|$ となり,第 3 項は以下のようになります.

$$\frac{D}{z-d} = \frac{D}{z}\left(\frac{1}{1-\frac{d}{z}}\right) = \frac{D}{z} + \frac{Dd}{z^2} + \frac{Dd^2}{z^3} + \frac{Dd^3}{z^4} + \cdots$$

すなわち,各円環領域ごとにそれぞれの部分分数に対応するベキ級数を求め,表の下に示すように,それらの総和をとることにより,$F(z)$ の $z = 0$ を中心とするローラン級数が求まることになります.

この例では,3 つの極の影響を明確に分離するため,あえて $F(z)$ を部分分数に展開し,領域 I, II, III ごとにそれらの級数を計算して合算する方法を用いましたが,$F(z)$ から直接ローラン級数を求めることも可能です.

また,2 位以上の高次の極を有する関数についても,後述のヘビサイドの**展開定理**等を適用することにより,ローラン級数を求めることができます.

それらの具体的な方法については,本章の後半で紹介します.

例題 4

有理関数 $f_4(z) = \dfrac{1}{z(z-1)}$ を $z = 0$ を中心にローラン展開しなさい．

$f_4(z)$ の孤立特異点は $z = 0$ と $z = 1$ となり，

(i) $\quad 0 < |z| < 1$ と

(ii) $\quad |z| > 1$

の 2 種類の円環領域に分けて考える必要があります．

(i) $0 < |z| < 1$ のとき，次式が得られます．

$$f_4(z) = -\frac{1}{z}\frac{1}{1-z} = -\frac{1}{z}\left\{1 + z + z^2 + z^3 + z^4 + \cdots\right\}$$
$$= -\frac{1}{z} - 1 - z - z^2 - z^3 - z^4 - \cdots$$

(ii) $|z| > 1$ のとき，$\left|\dfrac{1}{z}\right| < 1$ となるので，以下のようになります．

$$f_4(z) = \frac{1}{z^2}\frac{1}{1-\frac{1}{z}} = \frac{1}{z^2}\left\{1 + \frac{1}{z} + \frac{1}{z^2} + \frac{1}{z^3} + \cdots\right\}$$
$$= \frac{1}{z^2} + \frac{1}{z^3} + \frac{1}{z^4} + \frac{1}{z^5} + \cdots$$

有理関数の部分分数展開について

ここでは，有理関数の部分分数展開とその目的について説明します．

例題 4 の有理関数 $f_4(z)$ は，以下に示すように 2 つの部分分数 $g_1(z)$，$g_2(z)$ の和の形に展開されます．

$$f_4(z) = \frac{1}{z(z-1)} = \frac{1}{z-1} - \frac{1}{z} = g_1(z) + g_2(z)$$

$f_4(z)$ および $g_1(z)$，$g_2(z)$ の実部と虚部の 3 次元形状を表示すると，図 **10-8** のようになります．

10.4 複数の1位の極を有する有理関数

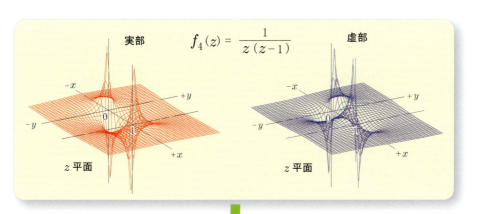

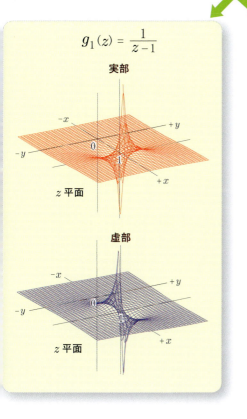

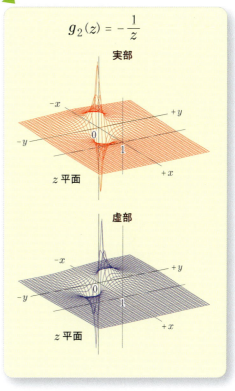

図 10-8　$f_4(z) = \dfrac{1}{z(z-1)}$ の部分分数展開のイメージ

第 1 項の $g_1(z) = \frac{1}{z-1}$ は，$z = 1$ に 1 位の極があり，円環領域はその内側と外側になります．(i) 内側の円環領域 $|z| < 1$ については，

$$g_1(z) = \frac{1}{z-1} = -\frac{1}{1-z} = -1 - z - z^2 - z^3 - \cdots$$

となり，(ii) 外側の円環領域 $|z| > 1$ については，

$$g_1(z) = \frac{1}{z-1} = \frac{1}{z}\left\{\frac{1}{1-\frac{1}{z}}\right\} = \frac{1}{z} + \frac{1}{z^2} + \frac{1}{z^3} + \cdots$$

となります．

一方，第 2 項の $g_2(z) = -\frac{1}{z}$ については，$z = 0$ の中心と特異点が重なっているので，特に円環領域を考慮する必要はなく，1 つの項 $-\frac{1}{z}$ で表されます．

$f_4(z)$ は 2 つの部分分数 $g_1(z)$，$g_2(z)$ の和で表されるので，最終的に**例題 4** に示した結果が得られます．なお，図 **10-7** において，$b = 1$，$A = -1$，$B = 1$，$D = 0$ を代入しても，同じ結果になります．

先に図 **10-8** の上に示したように，$f_4(z)$ の実部と虚部の形状は，1 位の極である $z = 0$ と $z = 1$ において $\pm\infty$ に発散します．

z 平面に高さを加えた 3 次元空間で，ピークの値が $\pm\infty$ になる山形の形状に有限な値を加減算しても，それらのピークの位置や，実質的な高さ（$\pm\infty$）には何ら影響を与えません．孤立特異点（極）のこのような性質が，部分分数への展開という操作を可能としているといえるでしょう．

本書の範疇から外れるので，詳しくは参考文献に譲りますが，線形微分方程式の解法や線形システムの解析に，ラプラス変換という手法が広く用いられており，一般にその解は複素数 $z(s)$ を変数とする有理関数の形で表されます．

対象とする微分方程式や線形システムが複雑になると，それらの解に対応するラプラス変換の有理関数も複雑になり，その次数も高くなる傾向があります．

しかし本節で示した手法により，有理関数を単純な部分分数に展開し，それらを個々に逆ラプラス変換することにより，単純な解析関数の和の形で表現することが可能となります．

10.5　m 位の極を含む一般的な有理関数

先に **4 章**で示したように，0 でない整数を k, n として，有理関数 $F(z)$ は以下のように表されます．

$$F(z) = \frac{a_0 + a_1 z + a_2 z^2 + \cdots + a_n z^n}{b_0 + b_1 z + b_2 z^2 + \cdots + b_k z^k} = \frac{f(z)}{g(z)}$$

ここで $n \geq k$ のとき，分子 $f(z)$ を分母 $g(z)$ で割ることにより，z のベキ級数により表される商と，その余りに分けることができます．

なお，商については別扱いとするならば，その分子の次数は k 以下になり，実質的に $n < k$ とみなすことができます．

いわゆる k 次方程式 $g(z) = 0$ の解について，m 重根の場合は m 個と数えることにより，全体で k 個の複素解を有することが，ガウスにより明らかにされています．

すなわち，有理関数 $F(z)$ の分母を因数分解して $g(z) = 0$ の根を求め，最も単純な部分分数の形に展開することができれば，前節で示した m 位の極を有する有理関数のローラン展開の結果を用いることにより，任意の有理関数 $F(z)$ のローラン級数を求めることが可能です．

これより，一般的な m 位の極をもつ有理関数 $F(z)$ について，最も単純な部分分数を求める以下の 2 つの手法を紹介します．

(1) 連立方程式による方法
(2) ヘビサイドの展開定理による方法

本節では (1)，次節では (2) の手法について詳しく説明します．

10.5.1　連立方程式による方法

ここでは，連立方程式を解くことにより，有理関数 $F(z)$ を単純な部分分数の和の形に展開する方法について，具体的な例題を通して説明します．

例題 5　$F(z) = \dfrac{1}{(z-a)^2(z-b)}$ を部分分数展開しなさい．
ただし，$a \neq b$ とします．

$z=a$ に 2 位の極，$z=b$ に 1 位の極をもつ有理関数 $F(z)$ が変数 A，B，C を用いて，以下のような部分分数に展開できるものとします．

$$F(z) = \frac{1}{(z-a)^2(z-b)} = \frac{A}{(z-a)^2} + \frac{B}{z-a} + \frac{C}{z-b}$$

なお，$z=a$ は 2 位の極となりますが，1 位の極に相当する $\frac{B}{z-a}$ の項が現れる点に注意が必要です．

上式の右辺を通分して 1 つの有理関数の形に変形すると，

$$\frac{A}{(z-a)^2} + \frac{B}{z-a} + \frac{C}{z-b}$$

$$= \frac{(B+C)z^2 + \{A-(a+b)B - 2aC\}z - bA + abB + a^2C}{(z-a)^2(z-b)}$$

となります．分子の係数間の関係から，

$$B + C = 0 \qquad A - (a+b)B - 2aC = 0 \qquad -bA + abB + a^2C = 1$$

を満たす必要があるので，連立方程式を解くことにより，A，B，C のそれぞれを a，b で表します．

これらの関係を (3×3) の行列を用いて表現すると，次のようになります．

$$\begin{bmatrix} 0 & 1 & 1 \\ 1 & -(a+b) & -2a \\ -b & ab & a^2 \end{bmatrix} \begin{bmatrix} A \\ B \\ C \end{bmatrix} = \begin{bmatrix} 0 \\ 0 \\ 1 \end{bmatrix}$$

ここで，上の (3×3) の行列を H とおくと，その逆行列 H^{-1} は次のようになります．

$$H^{-1} = \frac{1}{(a-b)^2} \begin{bmatrix} a^2(a-b) & a(a-b) & a-b \\ a(a-2b) & -b & -1 \\ b^2 & b & 1 \end{bmatrix}$$

10.5 m 位の極を含む一般的な有理関数

上式の左から H^{-1} をかけると, $H^{-1}H$ の部分が単位行列 I_0 となって消え去るので, 求める A, B, C は, 以下のように求められます.

$$\begin{bmatrix} A \\ B \\ C \end{bmatrix} = \frac{1}{(a-b)^2} \begin{bmatrix} a^2(a-b) & a(a-b) & a-b \\ a(a-2b) & -b & -1 \\ b^2 & b & 1 \end{bmatrix} \begin{bmatrix} 0 \\ 0 \\ 1 \end{bmatrix} = \begin{bmatrix} \frac{1}{a-b} \\ -\frac{1}{(a-b)^2} \\ \frac{1}{(a-b)^2} \end{bmatrix}$$

これより, 部分分数は以下のように定まります.

$$F(z) = \frac{1}{a-b} \frac{1}{(z-a)^2} - \frac{1}{(a-b)^2} \frac{1}{z-a} + \frac{1}{(a-b)^2} \frac{1}{z-b}$$

例題 6 $F(z) = \frac{1}{(z-a)^3 (z-b)}$ を部分分数展開しなさい.
ただし, $a \neq b$ とします.

$z = a$ に 3 位の極, $z = b$ に 1 位の極をもつ有理関数 $F(z)$ が変数 A, B, C, D を用いて, 以下のような部分分数に展開できるものとします.

$$F(z) = \frac{1}{(z-a)^3 (z-b)} = \frac{A}{(z-a)^3} + \frac{B}{(z-a)^2} + \frac{C}{z-a} + \frac{D}{z-b}$$

なお, $z = a$ は 3 位の極となりますが, 2 位の極に相当する $\frac{B}{(z-a)^2}$ の項と, 1 位の極に相当する $\frac{C}{z-a}$ の項が現れる点に注意が必要です.

上式の右辺を通分して 1 つの有理関数の形に変形すると, 次式のようになります.

$$\frac{A}{(z-a)^3} + \frac{B}{(z-a)^2} + \frac{C}{z-a} + \frac{D}{z-b} = \frac{1}{(z-a)^3 (z-b)} \times$$
$$\left\{ (C+D)z^3 + \left\{ B - (2a+b)C - 3aD \right\} z^2 + \left\{ A - (a+b)B + a(a+2b)C + 3a^3 D \right\} z \right.$$
$$\left. - bA + abB - a^2 bC - a^3 D \right\}$$

ここで, 分子の各係数について,

$$C + D = 0 \qquad B - (2a+b)C - 3aD = 0 \qquad A - (a+b)B + a(a+2b)C + 3a^2 D = 0$$
$$-bA + abB - a^2 bC - a^3 D = 1$$

が成立する必要があるので，連立方程式を解くことにより，A, B, C, D のそれぞれを a, b で表します．

これらの関係を (4×4) の行列を用いて表現すると，

$$\begin{bmatrix} 0 & 0 & 1 & 1 \\ 0 & 1 & -(2a+b) & -3a \\ 1 & -(a+b) & a(a+2b) & 3a^2 \\ -b & ab & -a^2 b & -a^3 \end{bmatrix} \begin{bmatrix} A \\ B \\ C \\ D \end{bmatrix} = \begin{bmatrix} 0 \\ 0 \\ 0 \\ 1 \end{bmatrix}$$

のようになります．

ここで，(4×4) の行列を H とおくと，$a \neq b$ のとき，その逆行列 H^{-1} は次のように求められます．

$$H^{-1} = \frac{1}{(a-b)^3} \begin{bmatrix} a^3(a-b)^2 & a^2(a-b)^2 & a(a-b)^2 & (a-b)^2 \\ a^2(2a-3b)(a-b) & a(a-2b)(a-b) & -b(a-b) & -(a-b) \\ a(a^2-3ab+3b^2) & b^2 & b & 1 \\ -b^3 & -b^2 & -b & -1 \end{bmatrix}$$

これより，行列の式の左から H^{-1} をかけると，$H^{-1} H$ の部分が単位行列 I_0 となって消え去るので，変数の A, B, C, D は，以下のように求められます．

$$\begin{bmatrix} A \\ B \\ C \\ D \end{bmatrix} = \frac{1}{(a-b)^3} \begin{bmatrix} a^3(a-b)^2 & a^2(a-b)^2 & a(a-b)^2 & (a-b)^2 \\ a^2(2a-3b)(a-b) & a(a-2b)(a-b) & -b(a-b) & -(a-b) \\ a(a^2-3ab+3b^2) & b^2 & b & 1 \\ -b^3 & -b^2 & -b & -1 \end{bmatrix}$$

$$\begin{bmatrix} 0 \\ 0 \\ 0 \\ 1 \end{bmatrix} = \begin{bmatrix} \frac{1}{a-b} \\ -\frac{1}{(a-b)^2} \\ \frac{1}{(a-b)^3} \\ -\frac{1}{(a-b)^3} \end{bmatrix}$$

これより，有理関数 $F(z)$ は，次のように表されます．

$$F(z) = \frac{1}{a-b} \frac{1}{(z-a)^3} - \frac{1}{(a-b)^2} \frac{1}{(z-a)^2} + \frac{1}{(a-b)^3} \frac{1}{z-a} - \frac{1}{(a-b)^3} \frac{1}{z-b}$$

上式の右辺の 4 項について，個々に図 **10-8** に示したローラン級数を計算し，円環領域ごとにそれらの和をとることにより，$F(z)$ のローラン級数を求めることができます．

高次の逆行列 H^{-1} を求めるには？

ここでは，先の H^{-1} のような**逆行列**を求める手法について補足します．

逆行列 H^{-1} の算出には，大きく (1) **掃き出し法**と (2) **行列式と余因子**を用いる方法があります．

(3×3) のように次数が低い場合は手計算でも対応できますが，その計算量はほぼ次数の 3 乗に比例して増えるため，次数が高まるにつれ，ミスを誘発する可能性が高くなります．

行列の要素が数値の場合は，表計算ソフトウェアを用いる方法がありますが，先の例題のように a, b のような変数を含む場合は対応できません．

一方，例えば "Wolfram Alpha" を始めとして，WEB 上のフリーソフトウェアの中には，変数を用いた計算にも対応しているものが提供されています．

逆行列だけでなく，微積分や代数，幾何学等の分野にも対応しており，本章のラプラス変換を用いた微分方程式の検算にも利用することができるので，自由に扱えるようそれらの操作法に習熟されることをお勧めします．

10.6　ヘビサイドの展開定理

連立方程式を用いずに有理関数を部分分数に展開する手法の 1 つに，いわゆる**ヘビサイドの展開定理**があります．

例題 6 では，有理関数 $F(z)$ が

$$F(z) = \frac{1}{(z-a)^3 (z-b)} = \frac{A}{(z-a)^3} + \frac{B}{(z-a)^2} + \frac{C}{z-a} + \frac{D}{z-b}$$

のように，部分分数に展開できるものとして，この右辺を通分することにより，変数 A, B, C, D の連立方程式を立て，その解を求めました．

しかし変数の数が増えてくると，連立方程式を立て，それらの解を求める手続きが煩雑になってきます．そこで，ここではそのような連立方程式を用いずに，部分分数に展開する手法として**ヘビサイドの展開定理**を紹介します．以下，その定理が導かれる原理について説明します．

(1) 変数 A について

$F(z)$ に $(z-a)^3$ を乗じると，

$$(z-a)^3 F(z) = \frac{1}{z-b} = A + B\,(z-a) + C\,(z-a)^2 + D\,\frac{(z-a)^3}{z-b}$$

となります．この右辺に $z=a$ を代入すると，B，C，D を含む項はすべて 0 となり，A に等しくなります．これより，次式が成立します．

$$A = \lim_{z \to a}(z-a)^3 F(z) = \lim_{z \to a}\frac{1}{z-b} = \frac{1}{a-b}$$

(2) 変数 D について

$$(z-b)F(z) = \frac{1}{(z-a)^3} = A\,\frac{z-b}{(z-a)^3} + B\,\frac{z-b}{(z-a)^2} + C\,\frac{z-b}{z-a} + D$$

より，上式の右辺に $s=b$ を代入すると D に等しくなることが分かります．これより，次式が導かれます．

$$D = \lim_{z \to b}(z-b)F(z) = \lim_{z \to b}\frac{1}{(z-a)^3} = -\frac{1}{(a-b)^3}$$

(3) 変数 B について

変数の A を求めたときのように，$(z-a)^2 F(z)$ において $z=a$ を代入すると，C と D を含む項は消えますが，A と B の項が残るので，A を消去するための工夫が必要になります．

そこで，$(z-a)^3 F(z)$ を展開した式において，A を含む項が定数となることを用い，これを消去するため z で微分します．すなわち，

$$\frac{d}{dz}\left\{(z-a)^3 F(z)\right\} = \frac{d}{dz}\left(\frac{1}{z-b}\right) = B + 2C\,(z-a) + D\,\frac{(z-a)^2(2z+a-3b)}{(z-b)^2}$$

において，C と D を含む項を消去するため，上式で $z=a$ を代入することにより，次のように求められます．

$$B = \lim_{z \to a}\frac{d}{dz}\left\{(z-a)^3 F(z)\right\} = \lim_{z \to a}\frac{-1}{(z-b)^2} = -\frac{1}{(a-b)^2}$$

(4) 変数 C について

この場合は，さらに一工夫が必要です．定数の A と B を含む項，すなわち $\frac{A}{(z-a)^3}$ と $\frac{B}{(z-a)^2}$ を消し去るため，$(z-a)^3 F(z)$ を z で 2 回微分すると，

$$\frac{d^2}{dz^2}\left\{(z-a)^3 F(z)\right\} = \frac{d^2}{dz^2}\left(\frac{1}{z-b}\right)$$

$$= 2C + 2D\,\frac{(z-a)\{z^2 + (a-3b)z + a^2 + 3b^2 - 3ab\}}{(z-b)^3}$$

のようになります．なお，C の値が 2 倍になる点に注意が必要です．

ここで，D を含む項を消去するため $z = a$ を代入することにより，次式が得られます．

$$C = \lim_{z \to a} \frac{1}{2}\frac{d^2}{dz^2}\left\{(z-a)^3 F(s)\right\} = \lim_{z \to a} \frac{1}{(z-b)^3} = \frac{1}{(a-b)^3}$$

なお当然のことながら．ここで得られた変数の値は，先に連立方程式の手法により求めた結果に一致しています．これらの内容を一般化することにより，次の**ヘビサイドの展開定理**が導かれます．

(1) $z_1, z_2, \cdots, z_n$ がすべて 1 位の極の場合

$$F(z) = \sum_{i=1}^{n} \frac{A_i}{z - z_i}$$

ただし，$A_i = \lim_{z \to z_i}(z - z_i)\,F(z)$ とする．

(2) z_1 が m 位の極で，$z_{m+1}, \cdots, z_n$ が 1 位の極の場合

$$F(z) = \sum_{i=1}^{m} \frac{A_{1i}}{(z - z_1)^i} + \sum_{j=m+1}^{n} \frac{A_j}{z - z_j}$$

となります．ただし，$(i = 1, 2, \cdots, m)$，$(j = m+1, m+2, \cdots, n)$ として，A_{1i}，A_j は以下の式で与えられます．

$$A_{1i} = \frac{1}{(m-i)!}\lim_{z \to z_1}\frac{d^{m-i}}{dz^{m-i}}\left\{(z-z_1)^m F(z)\right\} \qquad A_j = \lim_{z \to z_j}(z - z_j)\,F(z)$$

なお，$F(z)$ が 2 位以上の極を複数有する場合は，それぞれの極について上の操作を行い，それらの総和をとることにより，最終的な解を得ることができます．

例題 7 ヘビサイドの展開定理を用いて例題 6 の関数を部分分数に展開しなさい．

有理関数 $F(z)$ が以下のように部分分数に展開できるとして，変数 A_{12}, A_{11}, A_3 をヘビサイドの展開定理により求めます．

$$F(z) = \frac{1}{(z-a)^2 (z-b)} = \frac{A_{12}}{(z-a)^2} + \frac{A_{11}}{z-a} + \frac{A_3}{z-b}$$

(1) 変数 A_{12} については $m = i = 2$, $z_1 = a$ として，

$$A_{12} = \lim_{z \to a} \left\{ (z-a)^2 F(z) \right\} = \lim_{z \to a} \frac{1}{z-b} = \frac{1}{a-b}$$

(2) 変数 A_{11} については $m = 2$, $i = 1$, $z_1 = a$ として，

$$A_{11} = \lim_{z \to a} \frac{d}{dz} \left\{ (z-a)^2 F(z) \right\} = \lim_{z \to a} \frac{-1}{(z-b)^2} = -\frac{1}{(a-b)^2}$$

(3) 変数 A_3 については $j = 3$, $z_3 = b$ として，次のようになります．

$$A_3 = \lim_{z \to b} (z-b) F(z) = \lim_{z \to b} \frac{1}{(z-a)^2} = \frac{1}{(b-a)^2} = \frac{1}{(a-b)^2}$$

これらを統合すると以下のようになり，**例題 6** の結果に一致します．

$$F(z) = \frac{1}{a-b} \frac{1}{(z-a)^2} - \frac{1}{(a-b)^2} \frac{1}{z-a} + \frac{1}{(a-b)^2} \frac{1}{z-b}$$

詳しくは本書の巻末に示す参考文献に譲りますが，微分方程式の解法や線形システムの動作解析において，ラプラス変換という手法が広く用いられています．一方，周波数スペクトルを扱う信号処理の基本的な手法に（片側）フーリエ変換が挙げられます．その定義域は z 平面の虚軸上となりますが，これを **12 章**で述べる解析接続という手法により，テイラー展開を介して z 平面全体に拡張すると，上のラプラス変換が導かれます．

また，このラプラス変換では連続時間の信号を扱いますが，これをサンプリングして離散時間の信号に対応させると，いわゆる z 変換になり，z を変数とする複素関数は離散システムにおける伝達関数を表しています．

この z 変換から，元の離散時間信号を復元する処理を逆 z 変換と称しますが，その操作は $z = 0$ を中心とするローラン展開に他(ほか)なりません．

このように，テイラー展開やローラン展開は，信号処理をはじめとする幅広い分野において，陰に陽に極めて重要な役割を果たしています．

第11章
留数と留数の定理

複素関数 $f(z)$ が，ある領域内で $z=a$ の孤立特異点を除いて正則となるとき，$f(z)$ を $z=a$ の回りで周回積分した値は，積分路の形状によらず a のみに依存し，これを $2\pi i$ で割った値を留数と定義します．この留数は，$f(z)$ について $z=a$ を中心にローラン展開したときの $z^{-1}=\frac{1}{z}$ の係数に相当しますが，ローラン展開を経由せず直接求めることができます．本章ではその具体的な手順を示しますが，この留数を用いることにより実関数の積分値や，線形微分方程式の解法として広く用いられているラプラス変換の解を，実質的な積分操作を行うことなく効率的に求めることが可能になります．

11.1 留数の定義

ここでは，複素積分において有用な**留数**を定義し，その具体的な求め方を示します．

1価関数の $f(z)$ が，領域 D において1つの**孤立特異点** a を除いて正則であるとき，D 内にあって，a を正方向に1周する単一閉曲線 C を用いて $f(z)$ を周回積分すると，その積分値は C の形状にはよらず，a だけで定まります．

このとき，孤立特異点 a における関数 $f(z)$ の**留数** (Residue) を，以下のように定義します．

$$\mathop{\mathrm{Res}}_{z=a} f(z) = \mathrm{Res}\,(f,a) = \frac{1}{2\pi i}\oint_C f(z)dz$$

前節で述べたように，特異点を中心とするローラン展開により，この留数の値は自動的に確定します．例えば，$z = a$ に 1 つの孤立特異点（極）を有する関数 $f(z)$ について，$z = a$ を中心にローラン展開することにより，
$$f(z) = \cdots + \frac{c_{-2}}{(z-a)^2} + \frac{c_{-1}}{z-a} + c_0 + c_1(z-a) + c_2(z-a)^2 + c_3(z-a)^3 + \cdots$$
のように表されたとします．

9 章の図 9-3 では，原点の $z = 0$ を中心とする z^n の周回積分において，$z^{-1} = \frac{1}{z}$ の項のみ $2\pi i$ という値になり，他の項はすべて 0 になることを示しました．その根拠は，z 平面の周回積分において，単位円の円周に沿って 1 周する分子の dz と，分母の z の回転成分が互いに打ち消され，それらの間の $\frac{\pi}{2}$ の回転を表す i と，1 周分の角度 2π が定数として現れるためです．

この $f(z)$ を留数の定義式に代入すると，$\frac{c_{-1}}{z-a}$ を除くすべての項は 0 となり，$z = a$ における**留数**が c_{-1} に等しくなることが分かります．

なお，周回積分により次数が -1 の c_{-1} だけ残留する性質が，"留数" と呼ばれる根拠となっています．

ここで，ローラン級数を経由することなく，留数を直接求めることが可能です．例えば，複素関数 $f(z)$ が 1 位の極 $z = a$ を有するとき，
$$f(z) = \frac{c_{-1}}{z-a} + c_0 + c_1(z-a) + c_2(z-a)^2 + \cdots$$
のように表されるので，その留数 c_{-1} は以下の式により求められます．
$$\mathop{\mathrm{Res}}_{z=a} f(z) = c_{-1} = \lim_{z \to a}(z-a)f(z)$$
同様に，$f(z)$ が $z = a$ で 2 位の極をもつことが明らかなとき，
$$f(z) = \frac{c_{-2}}{(z-a)^2} + \frac{c_{-1}}{z-a} + c_0 + c_1(z-a) + c_2(z-a)^2 + \cdots$$
が成立します．ここで c_{-2} を消去し c_{-1} のみを抽出するため，前章の**ヘビサイドの展開定理**で示したように，$(z-a)^2 f(z)$ を z で微分すると，
$$\frac{d}{dz}\left\{(z-a)^2 f(z)\right\} = c_{-1} + 2c_0(z-a) + 3c_1(z-a)^2 + \cdots$$
となることから，次のように求められます．
$$\mathop{\mathrm{Res}}_{z=a} f(z) = c_{-1} = \lim_{z \to a}\left[\frac{d}{dz}\left\{(z-a)^2 f(z)\right\}\right]$$

このような手法をより高位の極へと拡張することができます.
$f(z)$ が $z=a$ に n 位の極をもつとき, $(z-a)^n f(z)$ を z で $n-1$ 回微分すると,

$$\frac{d^{n-1}}{dz^{n-1}}\Big\{(z-a)^n f(z)\Big\} = (n-1)!\, c_{-1} + n(n-1)\cdots 2\, c_0(z-a) + \cdots$$

となることから,

$$\operatorname*{Res}_{z=a} f(z) = \frac{1}{(n-1)!} \lim_{z \to a} \left[\frac{d^{n-1}}{dz^{n-1}}\Big\{(z-a)^n f(z)\Big\} \right]$$

が得られます.

11.2 留数の定理

ここでは,複素積分において極めて有用な**留数の定理**について解説します.

図 **11-1** に示すように,積分路 C の内部に複数の孤立特異点(極)を有する複素関数 $f(z)$ を周回積分します.

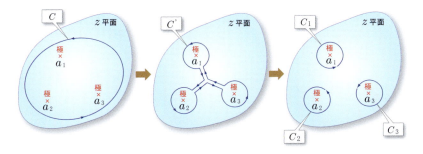

図 11-1 積分路 C を変形し 3 つの極を周回する C_1, C_2, C_3 に分離する

図のように積分路 C の内部に極が 3 個存在するとき,**9 章の図 9-4** に示したようにコーシーの積分定理を適用することにより,個々の極を周回する 3 つの積分路 C_1, C_2, C_3 に変形・分離することが可能です.

このとき周回積分の値は，次のように積分路 C 内のすべての留数の和で表され，これを**留数の定理**といいます．

$$\frac{1}{2\pi i} \oint_C f(z)\, dz = \sum_{k=1}^{N} R_k \qquad R_k = \operatorname*{Res}_{z=a_k} f(z)$$

コーシーの積分公式から導かれる逆ラプラス変換

9 章で示した**コーシーの積分公式**において，時間を t として $f(z) = e^{zt}$ を代入すると，$f(z)$ は z の無限遠点を除いて正則となるので，

$$e^{at} = \frac{1}{2\pi i} \oint_C \frac{e^{zt}}{z-a}\, dz$$

が成立します．ここで $F(z) = \frac{1}{z-a}$ とおくと，$F(z)$ の**逆ラプラス変換**の式に等価となり，最終的に

$$f(t) = e^{at} \quad \xleftarrow{\mathcal{L}^{-1}} \quad F(z) = \frac{1}{z-a}$$

が導かれます．これより，原関数 $f(t) = e^{at}$ と 1 位の極を有する像関数 $F(z) = \frac{1}{z-a}$ を直接結び付ける式が得られました．

同様に，n を 0 以上の整数として，**グルサの定理**に指数関数 $f(z) = e^{zt}$ を代入すると，

$$f^{(n)}(a) = \frac{d^n}{dz^n}\, e^{zt}\, \bigg|_{z=a} = t^n\, e^{at}$$

となるので，

$$t^n\, e^{at} = \frac{n!}{2\pi i} \oint_C \frac{e^{zt}}{(z-a)^{n+1}}\, dz$$

より，

$$f(t) = t^n\, e^{at} \quad \xleftarrow{\mathcal{L}^{-1}} \quad F(z) = \frac{n!}{(z-a)^{n+1}}$$

が成立し，原関数 $f(t) = t^n\, e^{at}$ と $n+1$ 位の極を有する像関数 $F(z) = \frac{n!}{(z-a)^{n+1}}$ を関連付ける式が導かれます．ここで，**逆ラプラス変換**の有理関数を単純な部分分数に展開し，それらの項を積分路 C を用いて周回積分するシーンにおいて，**留数の定理**がその効力を発揮することになります．

11.2 留数の定理

例題 1 次の関数の孤立特異点を示し，それぞれの点における留数を求めなさい．

(1) $\dfrac{1}{z^2+3}$ (2) $\dfrac{\cos z}{z^3}$ (3) $\dfrac{1}{z^2(z+1)^3}$

---

(1) $f(z) = \dfrac{1}{z^2+3} = \dfrac{1}{(z-i\sqrt{3})(z+i\sqrt{3})}$ より，$z = i\sqrt{3}$ と $z = -i\sqrt{3}$ がそれぞれ 1 位の極となります．$z = i\sqrt{3}$ における留数は，

$$\operatorname*{Res}_{z=i\sqrt{3}} f(z) = \lim_{z \to i\sqrt{3}} (z - i\sqrt{3}) f(z) = \lim_{z \to i\sqrt{3}} \dfrac{1}{z + i\sqrt{3}} = -\dfrac{i}{2\sqrt{3}}$$

となります．一方，$z = -i\sqrt{3}$ における留数は，

$$\operatorname*{Res}_{z=-i\sqrt{3}} f(z) = \lim_{z \to -i\sqrt{3}} (z + i\sqrt{3}) f(z) = \lim_{z \to -i\sqrt{3}} \dfrac{1}{z - i\sqrt{3}} = \dfrac{i}{2\sqrt{3}}$$

のように求められます．

(2) $\cos z = 1 - \dfrac{z^2}{2!} + \dfrac{z^4}{4!} - \dfrac{z^6}{6!} + \cdots$ より，

$\dfrac{\cos z}{z^3} = \dfrac{1}{z^3} - \dfrac{1}{2!}\dfrac{1}{z} + \dfrac{z}{4!} - \dfrac{z^3}{6!} + \cdots$ となり，$z = 0$ が 3 位の極となるので，留数は $-\dfrac{1}{2}$ になります．

(3) $f(z) = \dfrac{1}{z^2(z+1)^3}$ において，$z = 0$ が 2 位の極，$z = -1$ が 3 位の極となります．$z = 0$ における留数は，

$$\operatorname*{Res}_{z=0} f(z) = \lim_{z \to 0} \left[\dfrac{d}{dz}\{z^2 f(z)\} \right] = \lim_{z \to 0} \left[\dfrac{d}{dz}\left\{\dfrac{1}{(z+1)^3}\right\} \right]$$
$$= \lim_{z \to 0} \dfrac{-3}{(z+1)^4} = -3$$

となります．一方の $z = -1$ における留数は，

$$\operatorname*{Res}_{z=-1} f(z) = \dfrac{1}{2!} \lim_{z \to -1} \left[\dfrac{d^2}{dz^2}\{(z+1)^3 f(z)\} \right] = \dfrac{1}{2!} \lim_{z \to -1} \left[\dfrac{d^2}{dz^2}\left\{\dfrac{1}{z^2}\right\} \right]$$
$$= \dfrac{1}{2!} \lim_{z \to -1} \dfrac{(-2)(-3)}{z^4} = 3$$

のように求められます．

例題 2 $\oint_C \dfrac{1}{z(z-1)} dz$ の積分を留数を用いて求めなさい.

ただし，積分路 C として
 (i) C_1：原点を中心とする半径 $\dfrac{1}{2}$ の円
 (ii) C_2：原点を中心とする半径 2 の円
をそれぞれ正方向に 1 周するものとします.

(i) $f(z) = \dfrac{1}{z(z-1)}$ には，$z = 0$ と $z = 1$ の 2 つの孤立特異点があります．積分路 C_1 内は $z = 0$ のみとなり，その留数は，

$$\operatorname*{Res}_{z=0} f(z) = \lim_{z \to 0} z\, f(z) = \lim_{z \to 0} \frac{1}{z-1} = -1$$

となるので，

$$\oint_{C_1} \frac{1}{z(z-1)} dz = -2\pi i$$

が得られます．なお，$z = 0$ における留数 -1 は，例題 **3** の円環領域 (i) で求めたローラン展開における $\dfrac{1}{z}$ の係数 -1 に対応しています.

(ii) 積分路 C_2 内には，$z = 0$ と $z = 1$ があります．$z = 1$ における留数は，

$$\operatorname*{Res}_{z=1} f(z) = \lim_{z \to 1} (z-1) f(z) = \lim_{z \to 1} \frac{1}{z} = 1$$

となります．なお，この $z = 1$ における留数の 1 は，

$$\begin{aligned}
\frac{1}{z(z-1)} &= \frac{1}{z-1} \cdot \frac{1}{1-(1-z)} \\
&= \frac{1}{z-1}\Big\{ 1 + (1-z) + (1-z)^2 + \cdots \Big\} \\
&= \frac{1}{z-1} - 1 + (z-1) - (z-1)^2 + \cdots
\end{aligned}$$

のローラン展開より求めることも可能です．これより求める積分値は，

$$\oint_{C_2} \frac{1}{z(z-1)} dz = 2\pi i (-1 + 1) = 0$$

となります．なおこの結果は，例題 **3** の円環領域 (ii) で求めたローラン展開における $\dfrac{1}{z}$ の係数 0 に対応しています.

例題 3
以下の手順により，実積分 $I = \int_{-\infty}^{\infty} \dfrac{dx}{x^2+4}$ を計算しなさい．

(1) $f(z) = \dfrac{1}{z^2+4}$ の特異点とその留数を求めなさい．

(2) 右の図のように，半径 R の半円状の閉曲線となる周回積分路を C とします．このとき
$\displaystyle\oint_C \dfrac{dz}{z^2+4}$ の値を求めなさい．

(3) 周回積分路 C を直線部 C_1 と半円部 C_2 に分け，半円部 C_2 について $z = Re^{i\theta}$ のように極形式表示したとき，$\displaystyle\lim_{R\to\infty}\int_{C_2} f(z)dz = 0$ となることを示しなさい．

(4) 実積分 I の値を示しなさい．

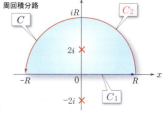

---

(1) $f(z) = \dfrac{1}{z^2+4}$ の極は $z = 2i$ と $z = -2i$ となり，それらの留数は，

$$\mathop{\mathrm{Res}}_{z=2i} f(z) = \lim_{z \to 2i}(z-2i)\dfrac{1}{z^2+4} = \lim_{z \to 2i}\dfrac{1}{z+2i} = -\dfrac{i}{4}$$

$$\mathop{\mathrm{Res}}_{z=-2i} f(z) = \lim_{z \to -2i}(z+2i)\dfrac{1}{z^2+4} = \lim_{z \to -2i}\dfrac{1}{z-2i} = \dfrac{i}{4}$$

となります．

(2) 積分路 C の内部には，$z = 2i$ の極が含まれるので，留数の定理より，

$$\oint_C \dfrac{dz}{z^2+4} = -2\pi i \dfrac{i}{4} = \dfrac{\pi}{2} \quad \text{が得られます．}$$

(3) $z = Re^{i\theta}$ を θ で微分すると，$dz = Rie^{i\theta}d\theta$ となるので，

$$\lim_{R\to\infty}\int_0^\pi \dfrac{Rie^{i\theta}}{R^2 e^{2i\theta}+4}d\theta = \lim_{R\to\infty}\int_0^\pi \dfrac{ie^{i\theta}}{Re^{2i\theta}+\frac{4}{R}}d\theta$$

$R \to \infty$ のとき，分母の絶対値 $|Re^{2i\theta}+\frac{4}{R}| \to \infty$ となり，分子の絶対値が 1 なので，上記積分は，$R \to \infty$ の極限で 0 となります．

(4) $\displaystyle\lim_{R\to\infty}\oint_C \dfrac{dz}{z^2+4} = \lim_{R\to\infty}\int_{C_1}\dfrac{dz}{z^2+4} + \lim_{R\to\infty}\int_{C_2}\dfrac{dz}{z^2+4}$

$= \displaystyle\int_{-\infty}^{\infty}\dfrac{dx}{x^2+4} + 0 = \dfrac{\pi}{2}$ より，$I = \dfrac{\pi}{2}$ が得られます．

11.3 演習問題

11-1 次の関数の孤立特異点をすべて示し，それぞれの点における留数を求めなさい．

(1) $\dfrac{z}{z^2 - z + 1}$ (2) $\dfrac{1}{z} \sin \dfrac{1}{z}$ (3) $e^{\frac{1}{z-i}}$

11-2 留数を用いて，次の関数の積分値を求めなさい．ただし，周回積分路 C は右図のように，原点を中心とする半径 2 の円周を正方向に 1 周するものとします．

(1) $\displaystyle\oint_C \dfrac{z}{(2z+1)(z-3)} dz$

(2) $\displaystyle\oint_C \dfrac{1}{(z^2+1)(z+5)} dz$

(3) $\displaystyle\oint_C \dfrac{z \sin z}{(z-i)^2} dz$

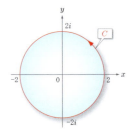

11-3 以下の手順により，実積分 $I = \displaystyle\int_0^\infty \dfrac{dx}{(x^2+1)^2}$ を計算しなさい．

(1) $f(z) = \dfrac{1}{(z^2+1)^2}$ の特異点とその留数を求めなさい．

(2) 右の図のように，半径 R の半円状の閉曲線となる周回積分路を C とします．
このとき $\displaystyle\oint_C \dfrac{dz}{(z^2+1)^2}$ の値を求めなさい．

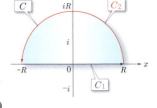

(3) 周回積分路 C を直線部 C_1 と半円部 C_2 に分け，半円部 C_2 について $z = Re^{i\theta}$ のように極形式表示したとき $\displaystyle\lim_{R \to \infty} \int_{C_2} f(z)\, dz = 0$ となることを示しなさい．

(4) 実積分 I の値を示しなさい．

第12章
一致の定理と解析接続

2つの正則な複素関数がごく小さな領域，あるいは線分上で一致するとき，これらはその定義域全体で完全に一致するという不思議な性質があります．

本章では，この一致の定理の内容を示し，それを基に局所的な複素関数の定義域をその外部に拡大する解析接続という手法について解説します．

12.1 一致の定理

一致の定理には様々な表現がありますが，単純なものから紹介します．

定理 一致の定理 (1)

領域 D 内で正則な関数を $f(z)$ として，D 内の点 a における関数値 $f(a)$ およびその n 次導関数 $f^{(n)}(a),\ (n=1,2,\cdots)$ の値がすべて 0 のとき，D 全体において $f(z)=0$ となる．

証明

点 a を中心に $f(z)$ をテイラー展開すると，収束半径が 0 でないある収束円が存在し，その領域 D_0 内の点 z について，次式が成立します．

$$f(z) = f(a) + \frac{f'(a)}{1!}(z-a) + \frac{f''(a)}{2!}(z-a)^2 + \cdots \\ + \frac{f^{(n)}(a)}{n!}(z-a)^n + \cdots$$

これより，$f(a)$ および点 a における n 次導関数 $f^{(n)}(a)$ がすべて 0 となるので，収束円の領域 D_0 において $f(z)=0$ が導かれます．

ここで D_0 のみならず，D 全体で $f(z) = 0$ が成立することを示すため，図 **12-1** のように D 内に $f(b) \neq 0$ となる点 b が存在すると仮定して，矛盾が導き出されることを示します．

1 章で述べたように，領域 D はその境界を含まないので，$f(z)$ が正則となる D 内の任意の点においてテイラー展開可能であり，0 でない収束半径 ρ が存在します．ここで D 内にあり，始点が a，終点が b となる連続曲線を，
$$\{z = \phi(t) \mid t_a \leqq t \leqq t_b\}$$
で表します．なお，$a = \phi(t_a)$，$b = \phi(t_b)$ となります．

$z = \phi(t)$ の近傍で，$f(z)$ が常に 0 となるような t の集合を T とします．この T は有界となり，最大値が存在するとは限りませんが，その上限 t_c が存在するはずです．これに対応する点を $c = \phi(t_c)$ とおくと，c は零点であって極ではないので，c において $f(z)$ は正則となります．すなわち，この点を中心にテイラー展開可能となり，0 でない収束半径 ρ をもつ収束円が存在します．ここで，$\phi(t)$ は連続となるので，a と c の間にあり，c との距離が例えば $\frac{\rho}{3}$ 未満にある点を d とすると，$f(d)$ やその n 次導関数 $f^{(n)}(d)$ はすべて 0 となります．また，点 d において $f(z)$ は正則となるので，この点を中心に以下のようにテイラー展開することができ，その値は 0 となります．
$$f(z) = f(d) + \frac{f'(d)}{1!}(z-d) + \frac{f''(d)}{2!}(z-d)^2 + \cdots = 0$$
この収束半径は零点の c を飛び越えて $\frac{2}{3}\rho$ 以上となり，$t_e > t_c$ を満たすような点 e がその収束円内に含まれます．この事実は，$f\{\phi(t)\} = 0$ となる t の上限が t_c であることと矛盾します．すなわち，$f(b) \neq 0$ とおいた仮定自体に誤りがあることになり，結果として $f(b) = 0$ が導かれました．

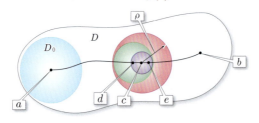

図 **12-1**　一致の定理 (1) の証明

ここで定理 (1) から，次に示す定理 (2) が導かれます．

定理　一致の定理 (2)

$f(z)$ が領域 D において正則であるとき，D に含まれるある領域 D_0 内において恒等的に $f(z) = 0$ であれば，D 全体において $f(z) = 0$ となる．

証明

D_0 内に，点 a を中心とする正の半径 ρ をもつ円形の開領域をとることができます．ここで $f(z)$ を a を中心にテイラー展開すると，

$$f(z) = f(a) + \frac{f'(a)}{1!}(z-a) + \frac{f''(a)}{2!}(z-a)^2 + \cdots$$

が得られます．この領域内で恒等的に $f(z) = 0$ が成立するとき，関数値 $f(a)$ および，その n 次導関数 $f^{(n)}(a)$ $(n = 1, 2, \cdots)$ がすべて 0 になることから，定理 (1) より D 全体において $f(z) = 0$ が導かれます．

定理 (2) において「D に含まれるある領域 D_0」という表現がありますが，D 内にある無限個の点 z において，$f(z) = 0$ が成立すれば，点列や線分であっても**一致の定理**が成立します．

定理　一致の定理 (3)

$f(z)$ が領域 D において正則であるとき，D 内の 1 点 a に収束する点列 $\{z_n\}$ において $f(z_n) = 0, (n = 1, 2, \cdots)$ であれば，D 全体において $f(z) = 0$ となる．

証明

点 a を中心に $f(z)$ をテイラー展開することができ，その収束円内で恒等的に $f(z) = 0$ が成立する場合，**定理 (2)** より D 全体で $f(z) = 0$ となります．そこで，その収束円内のある点で $f(z) \neq 0$ になると仮定し，矛盾が導かれることを示しましょう．

先の仮定と**一致の定理 (1)** から，
$$f(a) = f'(a) = f''(a) = \cdots = f^{(n-1)}(a) = 0$$
$$f^{(n)}(a) \neq 0$$
を満たす正の整数 n が存在します．このとき，$f(z)$ を点 a を中心にテイラー展開すると，
$$f(z) = \frac{f^{(n)}(a)}{n!}(z-a)^n + \frac{f^{(n+1)}(a)}{(n+1)!}(z-a)^{n+1} + \cdots$$
が得られます．ここで，
$$g(z) = \frac{f^{(n)}(a)}{n!} + \frac{f^{(n+1)}(a)}{(n+1)!}(z-a) + \frac{f^{(n+2)}(a)}{(n+2)!}(z-a)^2 + \cdots$$
のように関数 $g(z)$ を定義すると，
$$f(z) = (z-a)^n g(z)$$
が成立します．一方，$g(z)$ は点 a において正則であり，
$$g(a) = \frac{f^{(n)}(a)}{n!} \neq 0$$
となるので，十分小さな正数を ρ として，a を中心とする円形の小領域内 $|z-a| < \rho$ において $g(z) \neq 0$ となり，$f(z)$ は $z = a$ 以外に 0 になりえないことが示されます (*)．

一方，点列 $\{z_n\}$ の条件から，
$$\lim_{n \to \infty} f(z_n) = a$$
となり，点 a の極めて近い領域内に $f(z_n) = 0$ となる点 z_n が存在することになり，上の結果と矛盾します．これより収束円内，さらには領域 D において恒等的に $f(z) = 0$ となることが導かれました．

ここで, $f(a) = 0$ となる点 a を, 関数 $f(z)$ の **零点** といいます.
定理 **(3)** の証明の過程 (*) から, 零点に関する次の定理が導かれます.

定 理

$f(z)$ が領域 D において正則であり, D 内で $f(z)$ が恒等的に 0 でないとき, D 内にあるすべての零点は孤立している. すなわち, a を $f(z)$ の零点として, 点 a に極めて近い領域内には a 以外の零点は存在しない.

ある領域 D において正則となる 2 つの関数について, この差分をとった関数も D において正則となります. これまで述べた**一致の定理**をこの差分関数に適用すると, 基になる 2 つの関数が D において完全に一致することになります.「一致」という表現はこのような性質に由来しています.

定 理　　一致の定理 (4)

$f(z)$ と $g(z)$ が領域 D において正則であるとき, D 内のある領域 D_0 において $f(z) = g(z)$ であれば, D 全体において $f(z) = g(z)$ となる.

証 明

$h(z) = f(z) - g(z)$ とおくと, $h(z)$ は領域 D において正則であり, しかも領域 D_0 において $h(z) = 0$ となります. したがって, 一致の定理 (2) から D 全体で $h(z) = 0$, すなわち $f(z) = g(z)$ が導かれます.

同様にして, D 内である点に収束する点列 $\{z_n\}$ $(n = 1, 2, \cdots)$ において, 2 つの関数 $f(z_n)$ と $g(z_n)$ が等しければ, D 全体で $f(z) = g(z)$ となることが証明されます.

一致の定理のイメージ

　一致の定理は，「小さな部分で一致すれば，全体でも一致する」という正則関数の不思議な性質を表しています．以下，具体的な例により説明しましょう．

　先に示したように，複素数 z を変数とする三角関数の $\cos z$ と $\sin z$ は，それぞれ次のようなベキ級数により定義されます．

$$\cos z = 1 - \frac{z^2}{2!} + \frac{z^4}{4!} - \cdots \qquad \sin z = z - \frac{z^3}{3!} + \frac{z^5}{5!} + \cdots$$

これらの収束半径はともに $+\infty$ となり，無限遠点を除くすべての z 平面において収束し，正則となります．複素変数 z を実変数 x に置き換えた $\cos x$ と $\sin x$ は，$\text{Im}(z) = 0$ となる実軸上でそれぞれ $\cos z$ と $\sin z$ に一致しており，自然な拡張となっています．一方，実変数 x を用いて，

$$\cos^2 x + \sin^2 x = 1$$

が正しいことはピタゴラスの定理から証明できますが，変数を複素数 z に置き換えた式

$$\cos^2 z + \sin^2 z = 1$$

が一致の定理から導かれます．例えば，

$$f(z) = \cos^2 z \qquad g(z) = 1 - \sin^2 z$$

と置くと，これらの関数は無限遠点を除くすべての z について正則となります．実軸上で $f(z) = g(z)$ が成立することから，一致の定理により $f(z)$ と $g(z)$ は，その定義域全体で一致することになり，上式が導かれます．

　このようにして，加法定理や倍角の公式など，実数の領域で成立する三角関数の公式の大半は，複素変数に拡張することが可能です．

　なお，ここでは三角関数の $\cos$ と $\sin$ の例を示しましたが，$\tan z = \frac{\sin z}{\cos z}$ の場合，分母の $\cos z$ が 0 になる z，すなわち孤立特異点（極）が無数に存在するので，それぞれの円環領域ごとに拡張する必要があります．

　一致の定理におけるこのような性質から，実関数の定義域を複素数の領域に拡張する**解析接続**という手法が導かれます．

12.2 解析接続

はじめに定義を示します．図 **12-2** のように，領域 D_1 において正則となる関数を $f_1(z)$，領域 D_2 において正則となる関数を $f_2(z)$ とします．これらの領域は共通部 $D = D_1 \cap D_2$ をもち，この D 内で $f_1(z) = f_2(z)$ が成立するとき，

D_2 で定義された関数 $f_2(z)$ は，D_1 で定義された $f_1(z)$ に**解析接続**される．

あるいは，

$f_2(z)$ は，$f_1(z)$ の D_2 内への**解析接続**となる．

のように表現します．このような $f_2(z)$ は，存在する場合としない場合がありますが，**一致の定理**により，存在すればただ 1 つに限られます．

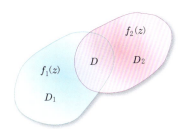

図 **12-2**　解析接続の定義

次に，図 **12-3** を用いて解析接続の方法を具体的に説明します．ある関数 $f_1(z)$ が，例えばベキ級数の収束円のように限定された領域 D_1 において正則となるとき，その収束円の外側では発散するため，$f_1(z)$ は定義できません．このとき，定義域の D_1 内に 1 点 $z = a$ をとり，その点を中心に $f_1(z)$ をテイラー展開することが可能です．そのテイラー級数 $f_2(z)$ は 0 でない収束半径をもち，その定義域は収束円の内部 D_2 となりますが，この D_2 が $f_1(z)$ の定義域である D_1 の外側へはみ出すことがあります．

先に示した**一致の定理**より，D_1 と D_2 の共通領域 $D_1 \cap D_2$ では，

$$f_1(z) = f_2(z)$$

が成立します．このとき，$f_2(z)$ は $f_1(z)$ の**解析接続**となり，このような操作を**直接接続**といいます．

次に，$f_2(z)$ の定義域 D_2 の内部に，1 点 $z = b$ をとり，この点を中心に $f_2(z)$ をテイラー展開します．このテイラー級数 $f_3(z)$ についても 0 でない収束半径をもち，その定義域は収束円内 D_3 となりますが，b のとり方により D_3 が D_1 および D_2 の外側へはみ出すことがあります．

このようにして，$f_1(z)$ を出発点をもとに，あらゆる方向に直接接続の操作を繰り返したとき，それぞれの定義域を合わせた領域で定義された 1 つの正則な関数 $F(z)$ が存在することがあり，これを**解析関数**と呼びます．また，解析接続ができない点を，この解析関数の**特異点**と定義します．

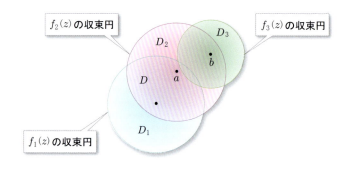

図 **12-3** 解析接続の方法

次に，**6 章の例題 7** と同じ関数を用いた例を示します．

例 題 3

(1) $f_1(z) = 1 + z + z^2 + z^3 + \cdots$ の定義域を示しなさい．

(2) $f_1(z)$ の n 次導関数について $f_1^{(n)}(z) = n! \, f_1(z)^{n+1}$ $(n = 0, 1, 2, \cdots)$ が成立することを示しなさい．

(3) $f_1(z)$ を，その定義域内の点 a を中心にテイラー展開し，そのベキ級数 $f_2(z)$ と収束円を求めなさい．

(4) $f_1(z)$, $f_2(z)$ からその解析関数が $F(z) = \frac{1}{1-z}$ となることを示し，その特異点を求めなさい．

(1) ベキ級数 $f_1(z)$ の収束半径はダランベールの式から 1 となり，収束条件は $|z| < 1$ となります．すなわち，$f_1(z)$ の定義域 D_1 は，単位円の内部となります．

(2) $f_1(z)$ を z で微分すると，
$$f_1'(z) = 1 + 2z + 3z^2 + 4z^3 + \cdots + nz^{n-1} + \cdots$$
となります．一方，
$$f_1(z)^2 = (1 + z + z^2 + z^3 + \cdots)(1 + z + z^2 + z^3 + \cdots)$$
$$= 1 + 2z + 3z^2 + 4z^3 + \cdots + nz^{n-1} + \cdots$$
より，$|z| < 1$ において $f_1'(z) = f_1(z)^2$ が成立します．これより，
$$f_1''(z) = \frac{d}{dz}\left\{f_1(z)^2\right\} = 2f_1(z)f_1'(z) = 2\,f_1(z)^3$$
が導かれます．同様にして，
$$f_1'''(z) = \frac{d}{dz}\left\{2f_1(z)^3\right\} = 3 \cdot 2f_1(z)^2 f'(z) = 3!\,f_1(z)^4$$
が得られます．ここで，正の整数を n として，
$$f_1^{(n-1)}(z) = (n-1)!\,f_1(z)^n$$
が成立すると仮定すると，
$$f_1^{(n)}(z) = \frac{d}{dz}\left\{(n-1)!\,f_1(z)^n\right\} = n!\,f_1(z)^{n-1}\,f_1'(z)$$
$$= n!\,f_1(z)^{n+1}$$
となるので，数学的帰納法により $n = 0, 1, 2, \cdots$ について，上式が成立することが分かります．

一方，$|z| < 1$ のとき，

$$f_1(z) = \frac{1}{1-z} \text{ より},$$

$$\frac{d}{dz}f_1(z) = \frac{1}{(1-z)^2} = f_1(z)^2$$

$$\frac{d^2}{dz^2}f_1(z) = \frac{2!}{(1-z)^3} = 2!\, f_1(z)^3$$

$$\frac{d^n}{dz^n}f_1(z) = \frac{n!}{(1-z)^{n+1}} = n!\, f_1(z)^{n+1}$$

のように求めることもできます．

(3) (2) の結果から，$|a| < 1$ となる任意の a について，

$$f_1^{(n)}(a) = n!\, f_1(a)^{n+1}$$

となるので，a を中心に $f_1(z)$ をテイラー展開した式を $f_2(z)$ とおくと，

$$f_2(z) = f_1(a) + \frac{1}{1!}f_1'(a)(z-a) + \frac{1}{2!}f_1''(a)(z-a)^2 + \cdots$$

$$= f_1(a) + f_1(a)^2(z-a) + f_1(a)^3(z-a)^2 + \cdots$$

が導かれます．ここで $f_2(z)$ は，初項 $f_1(a)$，公比 $f_1(a)(z-a)$ の等比級数となるので，$|f_1(a)(z-a)| < 1$ のとき，

$$f_2(z) = \frac{f_1(a)}{1 - f_1(a)(z-a)}$$

となります．さらに，$|a| < 1$ より，

$$f_1(a) = 1 + a + a^2 + a^3 + \cdots = \frac{1}{1-a}$$

が成立するので，上式に代入すると，

$$f_2(z) = \frac{\frac{1}{1-a}}{1 - \frac{z-a}{1-a}} = \frac{1}{1-z}$$

が得られます．なお収束円は $|z-a| = |1-a|$ となり，収束半径 r_1 は図 **12-4** の左に示すように，点 a と実軸上の点 1 の距離 $|a-1|$ になることが分かります．

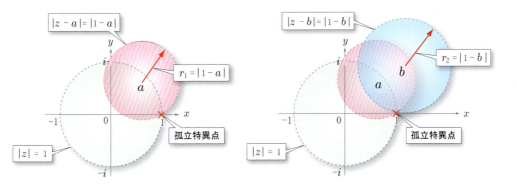

図 12-4　$f_1(z) = 1 + z + z^2 + \cdots$ の定義域とその解析接続 $f_2(z) = \frac{1}{1-z}$

(4) (3) と同様に，$f_2(z)$ の収束円内に点 b をとると，その点における n 次導関数は，

$$f_2^{(n)}(b) = n!\, f_2(b)^{n+1} = \frac{n!}{(1-b)^{n+1}}$$

となるので，b を中心に $f_2(z)$ をテイラー展開した式を $f_3(z)$ とおくと，

$$f_3(z) = f_2(b) + f_2(b)^2(z-b) + f_2(b)^3(z-b)^2 + \cdots$$

が得られます．ここで，$f_2(b) = \frac{1}{1-b}$ となるので，$|z-b| < |1-b|$ のとき，このベキ級数は収束し，

$$f_3(z) = \frac{\frac{1}{1-b}}{1 - \frac{z-b}{1-b}} = \frac{1}{1-z}$$

が導かれます．なお収束半径 r_2 は**図 12-4** の右に示すように，点 b と実軸上の点 1 の距離 $|b-1|$ になります．このように，3 つのベキ級数 $f_1(z)$, $f_2(z)$, $f_3(z)$ は，それぞれ異なる収束円をもちますが，それらの境界はいずれも実軸上の点 $z = 1$ を通ることが分かります．
このような解析接続を，原点から遠ざかる方向へ繰り返し行うことにより，収束半径を限りなく大きくすることが可能ですが，いずれの場合も収束円は点 $z = 1$ を通るので，この点が**特異点**となります．
さらに，3 つのベキ級数はそれぞれ収束円の内部で，$F(z) = \frac{1}{1-z}$ に等価となることは明らかであり，これが**解析関数**に相当します．

なお，図 12-4 は z 平面における変数 z の定義域を表していますが，$f_n(z)$ の実部が拡張されてゆく過程を示すと，図 12-5 のようになります．

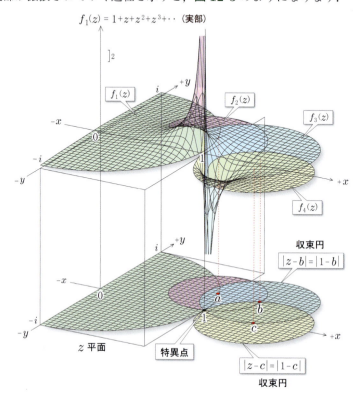

図 12-5 $f_1(z) = 1 + z + z^2 + z^3 + \cdots$ の解析接続の手順

次の図 12-6 に，出発点となった複素関数 $f_1(z) = 1 + z + z^2 + \cdots$ と，解析接続により得られた解析関数 $F(z) = \frac{1}{1-z}$ の 3 次元形状を示します．

ここで，$z = 1$ は $F(z)$ の孤立特異点であり，**1 位の極**となります．

この極の周りで $f_n(z)$ の解析接続を繰り返し行い，1 周して再び原点側に戻ったとき，その関数 $f_n(z)$ を原点の $z = 0$ を中心にテイラー展開すると，$f_1(z)$ に完全に一致します．このような性質は，**1 価関数**に固有な特性です．

一方，**多価関数**の場合，その特異点の回りを 1 周したとき，必ずしも出発点に戻るとは限りません．このような特異点を**分岐点**と称しますが，その具体例を次の**例題 4**で示します．

12.2 解析接続

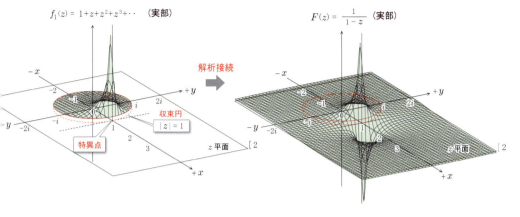

図 12-6 $f_1(z) = 1 + z + z^2 + z^3 + \cdots$ の $F(z) = \frac{1}{1-z}$ への解析接続

例題 4

(1) $f(z) = z - 1 - \frac{(z-1)^2}{2} + \frac{(z-1)^3}{3} - \frac{(z-1)^4}{4} + \cdots$
の定義域を示しなさい．

(2) $g(z) = \text{Log}\, z$ を $z = 1$ を中心にテイラー展開しなさい．

(3) $g(z)$ が $f(z)$ の解析接続となることを示しなさい．

(4) 無限多価関数の $h(z) = \log z$ をリーマン面を用いて 1 価関数とみなしたとき，$\log 1 = 0$ を含む分枝において $h(z) = g(z)$ となります．この $h(z)$ が $f(z)$ の解析関数となることを示しなさい．

(1) $f(z)$ の収束半径 r はダランベールの式より，

$$r = \lim_{n \to \infty} \left| -\frac{n+1}{n} \right| = 1$$

となり，その定義域 D_0 は，$f(z)$ の収束円 $|z - 1| = 1$ の内部になります．

(2) $g(z) = \text{Log}\, z$ は対数関数 $\log z$ の主値であり，$g(1) = 0$ となります．
$g(z)$ の n 次導関数は，$z \neq 0$ のとき

$$g^{(n)}(z) = (-1)^{n-1} \frac{(n-1)!}{z^n}$$

となるので，$z=1$ を中心に $g(z)$ をテイラー展開した式を $g_1(z)$ とおくと，

$$g_1(z) = z - 1 - \frac{(z-1)^2}{2} + \frac{(z-1)^3}{3} - \frac{(z-1)^4}{4} + \cdots$$

が得られます．

(3) (1)(2) より，$|z-1|<1$ において $f(z)=g(z)$ となり，一致の定理より，$g(z)$ は $f(z)$ の**解析接続**となることが分かります．なお，$g(z)$ は，孤立特異点 ($z=0$) と無限遠点 ($z=\infty$)，そして実軸の負の部分を除く全領域 D_1 で正則となります．

(4) は図 **12-7** の左に示すように，$f(z)$ の収束円内で単位円上にあり，実軸の正の方向と角度 α ($0<\alpha<\frac{\pi}{2}$) をなす点 $z=e^{i\alpha}$ とすると，

$$f(e^{i\alpha}) = e^{i\alpha} - 1 - \frac{(e^{i\alpha}-1)^2}{2} + \frac{(e^{i\alpha}-1)^3}{3} + \cdots = \mathrm{Log}\,(e^{i\alpha}) = i\alpha$$

となるので，この点を中心に $f(z)$ をテイラー展開すると，

$$f_1(z) = i\alpha + \frac{z-e^{i\alpha}}{e^{i\alpha}} - \frac{(z-e^{i\alpha})^2}{2\,e^{2i\alpha}} + \frac{(z-e^{i\alpha})^3}{3\,e^{3i\alpha}} - \cdots$$

$$= i\alpha + \frac{z}{e^{i\alpha}} - 1 - \frac{1}{2}\left\{\frac{z}{e^{i\alpha}} - 1\right\}^2 + \frac{1}{3}\left\{\frac{z}{e^{i\alpha}} - 1\right\}^3 - \cdots$$

$$= i\alpha + \mathrm{Log}\left\{\frac{z}{e^{i\alpha}}\right\} = i\alpha + \mathrm{Log}\,z - \mathrm{Log}\,e^{i\alpha} = \mathrm{Log}\,z$$

が導かれます．なお，$f_1(z)$ の収束円は，$z=e^{i\alpha}$ を中心とする半径 1 の円になります．ここで，$z=re^{i\theta}$ ($-\pi<\theta\leqq\pi$) とおくと，

$$\mathrm{Log}\,z = \mathrm{Log}\,(|z|) + i\,\mathrm{Arg}\,z = \mathrm{Log}\,r + i\theta$$

となるので，$f_1(z)$ の虚部が z の偏角 θ に等しいことが分かります．なお，$0<\alpha<\frac{\pi}{2}$ となることから，収束円内の任意の点 z について，$-\pi<\mathrm{Arg}\,z<\pi$ となることに注意が必要です．次に，図 **12-7** の右に示すように，この収束円内に $\beta>\alpha$ となるような点 $e^{i\beta}$ をとり，この点を中心に $f_1(z)$ をテイラー展開すると，次式が得られます．

$$f_2(z) = i\beta + \frac{z-e^{i\beta}}{e^{i\beta}} - \frac{(z-e^{i\beta})^2}{2\,e^{2i\beta}} + \frac{(z-e^{i\beta})^3}{3\,e^{3i\beta}} - \cdots$$

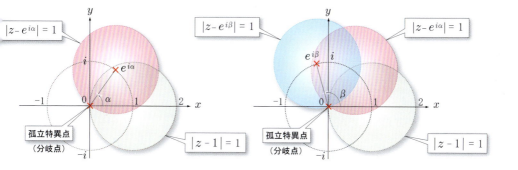

図 12-7 $f(z) = z - 1 - \frac{(z-1)^2}{2} + \frac{(z-1)^3}{3} - \cdots$ の定義域とその解析接続

$f_2(z)$ の収束円は，$z = e^{i\beta}$ を中心とする半径 1 の円になりますが，図のように $\beta > \frac{\pi}{2}$ となるとき，収束円の一部は実軸の負の部分を乗り越え，$y < 0$ の領域に入り込みます．
収束円内は連続となるので，例えば z が収束円の中心 $e^{i\beta}$ から円周上の点 $e^{i\beta} - i$ に向かって移動するとき，$f_2(z)$ の虚部は z の偏角 $\text{Arg}\,z$ に等しいので，β から π へと連続的に変化します．
ところが，実軸の負の部分を越えると，偏角の値が π より大きくなり $\text{Log}\,z$ では表せなくなるので，リーマン面を用いた対数関数 $\log z$ を導入します．これにより，実軸の負の部分で $\log z = \text{Log}\,z$ となる分枝から，次の分枝へと連続的に移動できるようになり，

$$f_2(z) = i\beta + \log z - \log e^{i\beta} = \log z$$

のように表すことができます．このような解析接続を繰り返すことにより，原点 $z = 0$ を正の方向に 1 周するとき，次式が導かれます．

$$f_p(z) = i2\pi + \frac{z - e^{i2\pi}}{e^{i2\pi}} - \frac{(z - e^{i2\pi})^2}{2\,e^{i4\pi}} + \frac{(z - e^{i2\pi})^3}{3\,e^{i6\pi}} - \cdots = i2\pi + f(z)$$

このとき，$f_p(z) \neq f(z)$ であり，原点 $z = 0$ が**分岐点**となります．
このように，リーマン面上での解析接続をあらゆる方向に繰り返すことにより，その定義域を $z = 0$ を除く全領域に拡大することが可能となり，$f(z)$ の解析関数が $\log z$ となることが導かれます．

ラプラス変換（逆変換）における解析接続

　解析接続の概念は理工学の広範な領域で用いられていますが，その身近な事例の1つにラプラス変換があります．

　詳しくは参考文献に譲りますが，ラプラス変換と逆変換は，以下に示すような積分変換により表されます．なお，実変数の t は時間を表しています．

$$F(z) = \int_0^\infty f(t)\, e^{-zt} dt \ (\text{変換}) \qquad f(t) = \frac{1}{2\pi i} \int_{\sigma-i\infty}^{\sigma+i\infty} F(z)\, e^{zt} dz \ (\text{逆変換})$$

　一般に，ラプラス変換の $F(z)$ は有理関数の形で表されますが，$z = \sigma + i\omega$ として，実部の σ の値が大きくなると発散する傾向があります．

　ラプラス変換の収束域は，z 平面に配置される複数の特異点（極）のうち，最も右に位置する極のさらに右側の領域 $(\mathrm{Re}(z) > \sigma)$ で与えられます．

　すなわち，極の位置では $F(z)$ は発散するので，これらの極を解析に利用する理論的な根拠は見当たりません．そこで，**解析接続**を用いて，$F(z)$ の定義域を特異点を除く z 平面全体に拡張します．このとき，$F(z)$ が広義のスペクトルを表すという物理的解釈を完全に放棄し，純粋に数学的な写像という観点から，有理関数の $F(z)$ を再定義したことになります．

　次のステップとして，**ジョルダンの補助定理**により，虚軸に平行な積分路を極を周回する積分路に変更し，**コーシーの積分定理**や**コーシーの積分公式**，**留数の定理**等を用いて，原関数の $f(t)$ を求めるという手順になります．

12.3　演習問題

12-1　$f(z) = \displaystyle\sum_{k=0}^{\infty} (-1)^k \left(1 - \frac{1}{2^{k+1}}\right)(z-1)^k$

$\qquad\quad = \dfrac{1}{2} - \dfrac{3}{4}(z-1) + \dfrac{7}{8}(z-1)^2 - \cdots$

の解析接続が $\dfrac{1}{z(z+1)}$ となることを示しなさい．

演習問題解答

第 1 章

1-1

(1) $\frac{i(1+i)}{(1-i)(1+i)} = -\frac{1}{2} + \frac{1}{2}i$

(2) $\frac{1+5i}{(1-i)(3+2i)} = \frac{(1+5i)(5+i)}{(5-i)(5+i)} = \frac{26i}{26} = i$

(3) $1 + \frac{6-8i}{1+2i} = 1 + \frac{(6-8i)(1-2i)}{(1+2i)(1-2i)} = 1 + \frac{-10-20i}{5} = -1 - 4i$

(4) $\frac{(3+i)(1-2i)}{(1+2i)(1-2i)} + \frac{(1-3i)(3+i)}{(3-i)(3+i)} = \frac{5-5i}{5} + \frac{6-8i}{10} = \frac{8}{5} - \frac{9}{5}i$

1-2

(1) $1 + i = \sqrt{2}\left\{\cos\left(\frac{\pi}{4}\right) + i\sin\left(\frac{\pi}{4}\right)\right\}$

(2) $\frac{1-i}{2} = \frac{1}{\sqrt{2}}\left\{\cos\left(-\frac{\pi}{4}\right) + i\sin-\left(\frac{\pi}{4}\right)\right\}$

(3) $-i = \cos\left(-\frac{\pi}{2}\right) + i\sin\left(-\frac{\pi}{2}\right)$

(4) $\frac{-\sqrt{3}+i}{4} = \frac{1}{2}\left\{\cos\left(\frac{5\pi}{6}\right) + i\sin\left(\frac{5\pi}{6}\right)\right\}$

1-3 $n=0$, $n=1$ のときに成立することは明らかです．そこで，$n=k$ のとき正しいと仮定し，$n=k+1$ のときに成立することを示します．
仮定より，$(\cos\theta + i\sin\theta)^k = \cos(k\theta) + i\sin(k\theta)$ となるので，
$(\cos\theta + i\sin\theta)^{k+1} = \{\cos(k\theta) + i\sin(k\theta)\} \cdot (\cos\theta + i\sin\theta)$
$= \cos(k\theta)\cos\theta - \sin(k\theta)\sin\theta + i\{\cos(k\theta)\sin\theta + \sin(k\theta)\cos\theta\}$
$= \cos\{(k+1)\theta\} + i\sin\{(k+1)\theta\}$

これより数学的帰納法により，$n \geqq 0$ について成立することが示されます．また，$n<0$ のとき，$n=-m$ とおくと，
$(\cos\theta + i\sin\theta)^n = (\cos\theta + i\sin\theta)^{-m} = \left(\frac{1}{\cos\theta + i\sin\theta}\right)^m$
$= \{\cos(-\theta) + i\sin(-\theta)\}^m = \cos(-m\theta) + i\sin(-m\theta)$
$= \cos(n\theta) + i\sin(n\theta)$ となり，成立することが示されました．

第 2 章

2-1

$f(z) = z^{\frac{1}{3}}$ のリーマン面は，下の図のようになります．左が 3 層の複素平面であり，右が原点を中心に 3 回転する場合の経路になります．

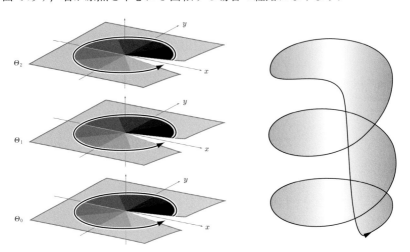

第 3 章

3-1

(1) $f(z) = \mathrm{Re}(z) = x = u + iv$ より，

$$\frac{\partial u}{\partial x} = 1, \quad \frac{\partial u}{\partial y} = 0, \quad \frac{\partial v}{\partial x} = 0, \quad \frac{\partial v}{\partial y} = 0$$

となるので，コーシー・リーマンの方程式は常に成立しません．すなわち，z 平面全体で非正則となります．

(2) $f(z) = z|z| = (x + iy)\sqrt{x^2 + y^2} = u + iv$ より，
$u = x\sqrt{x^2 + y^2}$, $v = y\sqrt{x^2 + y^2}$ となります．これより，
原点（$x = 0$ かつ $y = 0$）以外のとき，

$$\frac{\partial u}{\partial x} = \frac{2x^2+y^2}{\sqrt{x^2+y^2}}, \qquad \frac{\partial v}{\partial y} = \frac{x^2+2y^2}{\sqrt{x^2+y^2}}$$
$$\frac{\partial v}{\partial x} = \frac{xy}{\sqrt{x^2+y^2}}, \qquad \frac{\partial u}{\partial y} = \frac{xy}{\sqrt{x^2+y^2}} \quad \text{が得られます.}$$
$$\frac{2x^2+y^2}{\sqrt{x^2+y^2}} = \frac{x^2+2y^2}{\sqrt{x^2+y^2}} \quad \text{より} \ y = \pm x,$$
$$\frac{xy}{\sqrt{x^2+y^2}} = -\frac{xy}{\sqrt{x^2+y^2}} \quad \text{より} \ xy = 0 \ \text{となりますが,}$$

これらの条件を満たすのは，原点のみとなります．これより z 平面全体で非正則となることがわかります．

3-2 $z = re^{i\theta} = r\cos\theta + ir\sin\theta = u + iv$ より，

$u = r\cos\theta,\ v = r\sin\theta$ となるので，これらを r と θ で偏微分すると，

$$\frac{\partial u}{\partial r} = \cos\theta, \quad \frac{\partial v}{\partial r} = \sin\theta, \quad \frac{\partial u}{\partial \theta} = -r\sin\theta, \quad \frac{\partial v}{\partial \theta} = r\cos\theta$$

となるので，$\cos\theta$ と $\sin\theta$ を消去することにより，

$$\frac{\partial u}{\partial r} = \frac{1}{r}\frac{\partial v}{\partial \theta}, \qquad \frac{\partial v}{\partial r} = -\frac{1}{r}\frac{\partial u}{\partial \theta}$$

が得られます．

第 4 章

4-1

(1) 無限遠点を含む全ての領域において正則となります．

(2) $z = -1$ が孤立特異点（1 位の極）となります．
また無限遠点については，
$$g(\zeta) = \frac{1}{\zeta(\zeta+1)}$$
より，$z = \infty$ が孤立特異点（1 位の極）となります．

(3) $\sin\dfrac{1}{z} = \dfrac{1}{z} - \dfrac{1}{3!z^3} + \dfrac{1}{5!z^5} - \cdots$ より，$z = 0$ が真性特異点となります．また，$g(\zeta) = \zeta - \dfrac{\zeta^3}{3!} + \dfrac{\zeta^5}{5!} - \cdots$ より，$z = \infty$ において正則となります．

(4) $\sin\dfrac{1}{z} = 0$ となるのは，n を零でない整数として，$z = \dfrac{1}{n\pi}$ のときであり，$z = 0$ の近傍に無数の特異点が集まっていることがわかります．これを集積孤立点といいます．また，

$$g(\zeta) = \dfrac{1}{\zeta - \dfrac{\zeta^3}{3!} + \dfrac{\zeta^5}{5!} - \cdots} = \dfrac{1}{\zeta(1 - \dfrac{\zeta^2}{3!} + \dfrac{\zeta^4}{5!} - \cdots)}$$ より，

$z = \infty$ が孤立特異点（1 位の極）となります．

第 5 章

5-1

(1) $w = \dfrac{1}{z} = \dfrac{1}{(x+iy)} = \dfrac{x-iy}{x^2+y^2} = \phi + i\psi$ より，
速度ポテンシャル $\phi = \dfrac{x}{x^2+y^2}$，流れの関数 $\psi = -\dfrac{y}{x^2+y^2}$ が得られます．
これらは，それぞれ原点を通る円で表されます．
一方，速度ベクトル $\boldsymbol{f}$ は，

$$\boldsymbol{f} = \mathrm{grad}\,\phi = \dfrac{\partial \phi}{\partial x}\boldsymbol{p} + \dfrac{\partial \phi}{\partial y}\boldsymbol{q} = -\dfrac{x^2-y^2}{(x^2+y^2)^2}\boldsymbol{p} - \dfrac{2xy}{(x^2+y^2)^2}\boldsymbol{q}$$

となり，これを複素速度で表すと，$f(z) = -\dfrac{(x+iy)^2}{(x^2+y^2)^2} = -\dfrac{1}{(\overline{z})^2}$ が得られます．なお，$f(z)$ を微分操作により直接求めることも可能です．

$$f(z) = \overline{\left(\dfrac{dw}{dz}\right)} = -\dfrac{1}{\overline{(z^2)}} = -\dfrac{1}{(\overline{z})^2}$$

(2) $w = a\log z = a\log(re^{i\theta}) = a\log r + ia\theta = \phi + i\psi$ より，
速度ポテンシャル $\phi = a\log r$，流れの関数 $\psi = a\theta$ が得られます．
これらはそれぞれ，原点を中心とする円状の等高線と，原点を一方の端点にもつ半直線状の流れに対応し，原点の位置に湧き出し口のある定常流を表しています．一方，速度ベクトル $\boldsymbol{f}$ は微分操作により，

$$f(z) = \overline{\left(\dfrac{dw}{dz}\right)} = \dfrac{a}{\overline{z}}$$

のように求められます．

(3) $w = ia \log z = ia \log(re^{i\theta}) = ia \log r - a\theta = \phi + i\psi$ より，速度ポテンシャル $\phi = -a\theta$，流れの関数 $\psi = a \log r$ が得られます．これらは (2) と逆に，原点を一方の端点にもつ半直線状の等高線と，原点を中心とする円状の流れに対応し，原点を中心に回転する渦巻き状の定常流を表しています．

一方，速度ベクトル $\boldsymbol{f}$ は，微分操作により，以下のように求められます．

$$f(z) = \overline{\left(\frac{dw}{dz}\right)} = \frac{ia}{\bar{z}}$$

第 6 章

6-1

(1) $r = \lim_{n\to\infty} \left|\dfrac{c_n}{c_{n+1}}\right| = \lim_{n\to\infty} \dfrac{n+1}{n} = 1$

(2) $r = \lim_{n\to\infty} \dfrac{(n+1)^2}{n^2} = 1$

(3) $r = \lim_{n\to\infty} \dfrac{(n+1)^{n+1}}{n^n} = \lim_{n\to\infty} \dfrac{(n+1)^{n+1}}{n^n} = \infty$

6-2

(1) $r_1 = \lim_{n\to\infty} \left|\dfrac{c_n}{c_{n+1}}\right| = \lim_{n\to\infty} \dfrac{2^n}{2^{n+1}} = \dfrac{1}{2}$,

$r_2 = \lim_{n\to\infty} \dfrac{3^n}{3^{n+1}} = \dfrac{1}{3}$

(2) $r = \lim_{n\to\infty} \dfrac{2^n + 3^n}{2^{n+1} + 3^{n+1}} = \lim_{n\to\infty} \dfrac{\left(\frac{2}{3}\right)^n + 1}{2\left(\frac{2}{3}\right)^n + 3} = \dfrac{1}{3} = r_2$

6-3

(1) $f'(z) = 2\sin z \cos z = \sin(2z)$, $f''(z) = 2\cos(2z)$

$f^{(3)}(z) = -2^2 \sin(2z)$, $f^{(4)}(z) = -2^3 \cos(2z)$, $f^{(5)}(z) = 2^4 \sin(2z)$

より，$z = 0$ とおくと，$f(0) = 0$, $f'(0) = 0$, $f''(0) = 2$, $f^{(3)}(0) = 0$,

$f^{(4)}(0) = -2^3$, $f^{(5)}(0) = 0$ となるので，

$f(z) = \dfrac{2}{2!}z^2 - \dfrac{2^3}{4!}z^4 + \dfrac{2^5}{6!}z^6 - \cdots = \sum_{n=1}^{\infty}(-1)^{n+1}\dfrac{2^{2n}}{2(2n)!}z^{2n}$

となります．

(2) $\sin^2(z) = \frac{1}{2}\{1 - \cos 2z\} = \frac{1}{2}\{1 - (1 - \frac{(2z)^2}{2!} + \frac{(2z)^4}{4!} - \frac{(2z)^6}{6!} + \cdots)\}$

$= \frac{2}{2!}z^2 - \frac{2^3}{4!}z^4 + \frac{2^5}{6!}z^6 - \cdots$ となり，(1) の結果が得られます．

6-4

(1) $f_1'(z) = -\dfrac{1}{z^2}$, $f_1''(z) = \dfrac{2}{z^3}$, $f_1^{(3)}(z) = -\dfrac{3!}{z^4}$

$f_1^{(4)}(z) = \dfrac{4!}{z^5}$, $f_1^{(5)}(z) = -\dfrac{5!}{z^6}$ より,

$f_1^{(n)}(z) = (-1)^n \dfrac{n!}{z^{n+1}}$ となり, $f_1^{(n)}(1) = (-1)^n \, n!$ となるので,

$f_1(z) = f_1(1) + \dfrac{f_1'(1)}{1!}(z-1) + \dfrac{f_1''(1)}{2!}(z-1)^2 + \dfrac{f_1^{(3)}(1)}{3!}(z-1)^3 + \cdots$

$= 1 - (z-1) + (z-1)^2 - (z-1)^3 + (z-1)^4 - \cdots$

$= 1 + (1-z) + (1-z)^2 + (1-z)^3 + (1-z)^4 + \cdots$ となります.

ここで, $1-z = w$ とおくと, $f_1(w) = 1 + w + w^2 + w^3 + w^4 + \cdots$

となり, 収束半径 $r = \lim\limits_{n\to\infty} \left|\dfrac{1}{1}\right| = 1$ が求められます.

[補足] $|1-z| < 1$ のとき以下に示すように, ベキ級数から

$f_1(z) = \dfrac{1}{z}$ が得られます.

$f_1(z) = 1 + (1-z) + (1-z)^2 + (1-z)^3 + (1-z)^4 + \cdots = \dfrac{1}{1-(1-z)} = \dfrac{1}{z}$

(2) $f_2'(z) = -\dfrac{2}{z^3}$, $f_2''(z) = \dfrac{3!}{z^4}$, $f_2^{(3)}(z) = -\dfrac{4!}{z^5}$

$f_2^{(4)}(z) = \dfrac{5!}{z^6}$, $f_2^{(5)}(z) = -\dfrac{6!}{z^7}$ より,

$f_2^{(n)}(z) = (-1)^n \dfrac{(n+1)!}{z^{n+2}}$, $f_2^{(n)}(1) = (-1)^n(n+1)!$ となるので,

$f_2(z) = f_2(1) + \dfrac{f_2'(1)}{1!}(z-1) + \dfrac{f_2''(1)}{2!}(z-1)^2 + \dfrac{f_2^{(3)}(1)}{3!}(z-1)^3 + \cdots$

$= 1 - 2(z-1) + 3(z-1)^2 - 4(z-1)^3 + 5(z-1)^4 - \cdots$

$= 1 + 2(1-z) + 3(1-z)^2 + 4(1-z)^3 + 5(1-z)^4 + \cdots$ となります.

ここで, $1-z = w$ とおくと, $f_2(w) = 1 + 2w + 3w^2 + 4w^3 + 5w^4 + \cdots$

となり, 収束半径 $r = \lim\limits_{n\to\infty} \left|\dfrac{n}{n+1}\right| = 1$ が得られます.

[補足] (1) の結果を z で微分すると,

$\dfrac{d}{dz}f_1(z) = -\dfrac{1}{z^2} = -1 - 2(1-z) - 3(1-z)^2 - 4(1-z)^3 + \cdots = -f_2(z)$

が得られます. また, $|1-z| < 1$ のとき, 以下の関係が成立します.

$\left(\dfrac{1}{z}\right)^2 = \{1 + (1-z) + (1-z)^2 + (1-z)^3 + (1-z)^4 + \cdots\}^2$

$= 1 + 2(1-z) + 3(1-z)^2 + 4(1-z)^3 + 5(1-z)^4 + \cdots = \dfrac{1}{z^2}$

(3) $f_2(z) = f_2(-1) + \dfrac{f_2'(-1)}{1!}(z+1) + \dfrac{f_2''(-1)}{2!}(z+1)^2$
$+ \dfrac{f_2^{(3)}(-1)}{3!}(z+1)^3 + \cdots$ において, $f_2^{(n)}(-1) = (n+1)!$ を用いて,
$f_2(z) = 1 + 2(z+1) + 3(z+1)^2 + 4(z+1)^3 + 5(z+1)^4 + \cdots$
ここで, $z+1 = w$ とおくと, $f_2(w) = 1 + 2w + 3w^2 + 4w^3 + 5w^4 + \cdots$
となり, 収束半径 $r = \lim\limits_{n\to\infty} \left|\dfrac{n}{n+1}\right| = 1$ が得られます.

[補足] (1) の $f_1(z)$ では $z=0$ が 1 位の極, (2)(3) の $f_2(z)$ では $z=0$ が 2 位の極となり, 極までの距離はいずれも 1 となっています.

第 8 章

8-1

(1) $I_1 = -\dfrac{1}{z+1} + C$ (定数), (2) $I_2 = -\dfrac{\cos(2z)}{2} + C$ (定数)

(3) $I_3 = -\dfrac{e^{-2z}}{2} + C$ (定数)

(4) 部分積分の公式 $\int f(z) \cdot g'(z)dz = f(z) \cdot g(z) - \int f(z)' \cdot g(z)dz$ において, $f(z) = z$, $g'(z) = e^z$ と置くことにより,
$I_4 = \int z e^z dz = ze^z - \int e^z dz = (z-1)e^z + C$ (定数) が得られます.

(5) 部分積分の公式において, $f(z) = e^z$, $g'(z) = \sin z$ と置くと,
$\int e^z \sin z\, dz = -e^z \cos z + \int e^z \cos z\, dz$ となり,
$\int e^z \cos z\, dz = e^z \sin z - \int e^z \sin z\, dz$ より,
$I_5 = \int e^z \sin z\, dz = \dfrac{e^z}{2}(\sin z - \cos z) + C$ (定数) となります.

(6) 置換積分法すなわち, $F(w) = \int f(w)dw$ で $\phi(z)$ が微分可能なとき, $F\{\phi(z)\} = \int f\{\phi(z)\}\, \phi'(z)dz$ において, $f(w) = \cos w$, $w = \phi(z) = z^2$ と置くことにより,
$I_6 = \int z \cos(z^2)\, dz = \dfrac{1}{2}\sin(z^2) + C$ (定数) が得られます.
これらは, $\dfrac{d}{dz}\{\sin(z^2)\} = 2z^2 \cos(z^2)$ を積分側から辿る操作です.

8-2

(1) $I_1 = \left[\dfrac{z^3}{3} + \dfrac{z^2}{2} + z\right]_0^{1+i} = \dfrac{1+8i}{3}$

(2) $I_2 = \left[\dfrac{e^{-iz}}{-i}\right]_0^\pi = i(e^{-i\pi} - 1) = -2i$

(3) **8-1(5)** と同様に,$\int e^z \cos z \, dz = \dfrac{e^z}{2}(\sin z + \cos z) + C$ より,
$I_3 = \left[\dfrac{e^z}{2}(\sin z + \cos z)\right]_0^{\frac{\pi}{2}} = \dfrac{e^{\frac{\pi}{2}} - 1}{2}$ が得られます.

(4) 置換積分法で,$f(w) = e^w$,$w = \phi(z) = z^2$ と置くことにより,
$I_4 = \left[\dfrac{1}{2}e^{z^2}\right]_0^1 = \dfrac{e-1}{2}$ となります.なお,これらの操作は
$\dfrac{d}{dz}(e^{z^2}) = 2z \, e^{z^2}$ に等価です.

(5) 置換積分法で,$f(w) = \sin w$,$w = \phi(z) = z^3$ と置くことにより,
$I_5 = -\dfrac{1}{3}\left[\cos(z^3)\right]_0^\pi = \dfrac{1 - \sin(\pi^3)}{3}$ となります.なお,これらの操作は $\dfrac{d}{dz}\{\cos(z^3)\} = -3z^2 \sin(z^3)$ と同じものです.

第 10 章

10-1

(1) $f(z) = \dfrac{z}{z^2 - z + 1} = \dfrac{z}{(z - \frac{1+i\sqrt{3}}{2})(z - \frac{1-i\sqrt{3}}{2})}$ より,$z_1 = \dfrac{1+i\sqrt{3}}{2}$ と $z_2 = \dfrac{1-i\sqrt{3}}{2}$ がそれぞれ 1 位の極となります.$z = z_1$ における留数は,

$$\operatorname*{Res}_{z=z_1} f(z) = \lim_{z \to z_1}(z - z_1)f(z) = \lim_{z \to z_1} \dfrac{z}{z - z_2} = \dfrac{\sqrt{3} - i}{2\sqrt{3}}$$

となります.一方,$z = z_2$ における留数は,

$$\operatorname*{Res}_{z=z_2} f(z) = \lim_{z \to z_2}(z - z_2)f(z) = \lim_{z \to z_2} \dfrac{z}{z - z_1} = \dfrac{\sqrt{3} + i}{2\sqrt{3}}$$

のように求められます.

(2) $\sin \dfrac{1}{z} = \dfrac{1}{z} - \dfrac{1}{3!z^3} + \dfrac{1}{5!z^5} - \dfrac{1}{7!z^7} + \cdots$ より,
$\dfrac{1}{z}\dfrac{1}{\sin z} = \dfrac{1}{z^2} - \dfrac{1}{3!z^4} + \dfrac{1}{5!z^6} - \dfrac{1}{7!z^8} + \cdots$ となり,$z = 0$ が真性特異点,その留数は 0 となります.

(3) $e^{\frac{1}{z-i}} = 1 + \dfrac{1}{z-i} + \dfrac{1}{2!(z-i)^2} + \dfrac{1}{3!(z-i)^3} + \dfrac{1}{4!(z-i)^4} + \cdots$ となり,$z = i$ が真性特異点,その留数は 1 となります.

10-2

(1) $f(z) = \frac{z}{(2z+1)(z-3)}$ は $z_1 = -\frac{1}{2}$ と $z_2 = 3$ に 1 位の極をもちます。積分路 C 内にあるのは z_1 であり，その留数は，
$$\operatorname*{Res}_{z=-\frac{1}{2}} f(z) = \lim_{z \to -\frac{1}{2}} \frac{z}{2(z-3)} = \frac{1}{14}$$
となるので，留数の定理より，$\oint_C \frac{z}{(2z+1)(z-3)} dz = \frac{\pi i}{7}$ となります。

(2) $f(z) = \frac{1}{(z^2+1)(z+5)}$ は $z_1 = i$ と $z_2 = -i,\ z_3 = -5$ に 1 位の極をもちます。積分路 C 内にあるのは z_1 と z_2 であり，その留数は，
$$\operatorname*{Res}_{z=i} f(z) = \lim_{z \to i} \frac{1}{(z+i)(z+5)} = \frac{-1-5i}{52}$$
$$\operatorname*{Res}_{z=-i} f(z) = \lim_{z \to -i} \frac{1}{(z-i)(z+5)} = \frac{-1+5i}{52}$$
となります。これより，留数の定理を用いて，$\oint_C \frac{dz}{(z^2+1)(z+5)} = -\frac{\pi i}{13}$ となります。

(3) $f(z) = \frac{z \sin z}{(z-i)^2}$ は $z = i$ に 2 位の極をもちます。その留数は，
$$\operatorname*{Res}_{z=i} f(z) = \lim_{z \to i} \left[\frac{d}{dz} \{ z \sin z \} \right] = \sin i + i \cos i$$
$$= i - \frac{i^3}{3!} + \frac{i^5}{5!} - \cdots + i \left\{ 1 - \frac{i^2}{2!} + \frac{i^4}{4!} - \cdots \right\} = i \left\{ 2 + \frac{1}{2!} + \frac{1}{3!} + \frac{1}{4!} + \cdots \right\}$$
$$= i(1+e)$$
となるので，留数の定理より，$\oint_C \frac{z \sin z}{(z-i)^2} dz = -2\pi(1+e)$ となります。

10-3

(1) $f(z) = \frac{1}{(z^2+1)^2}$ は $z = i$ と $z = -i$ に 2 位の極をもち，それらの留数は，
$$\operatorname*{Res}_{z=i} f(z) = \lim_{z \to i} \left[\frac{d}{dz} \left\{ \frac{1}{(z+i)^2} \right\} \right] = \lim_{z \to i} \frac{-2}{(z+i)^3} = \frac{1}{4i} = -\frac{i}{4}$$
となります。一方の $z = -i$ における留数は，
$$\operatorname*{Res}_{z=-i} f(z) = \lim_{z \to -i} \left[\frac{d}{dz} \left\{ \frac{1}{(z-i)^2} \right\} \right] = \lim_{z \to -i} \frac{-2}{(z-i)^3} = -\frac{1}{4i} = \frac{i}{4}$$
が得られます。

(2) 積分路 C の内部には,$z=i$ の極が含まれるので,留数の定理より,
$$\oint_C \frac{dz}{(z^2+1)^2} = -2\pi i \frac{i}{4} = \frac{\pi}{2}$$

(3) $z = Re^{i\theta}$ を θ で微分すると,$dz = Rie^{i\theta}d\theta$ となるので,
$$\lim_{R\to\infty} \int_{C_2} \frac{dz}{(z^2+1)^2} = \lim_{R\to\infty} \int_0^\pi \frac{Rie^{i\theta}}{(R^2 e^{2i\theta}+1)^2} d\theta$$

$R \to \infty$ のとき,分母の絶対値は R^4 に比例し,分子の絶対値が R に比例するので,上記積分は,$R \to \infty$ の極限で 0 となります.

(4) $$\lim_{R\to\infty} \oint_C \frac{dz}{(z^2+1)^2} = \lim_{R\to\infty} \int_{C_1} \frac{dz}{(z^2+1)^2} + \lim_{R\to\infty} \int_{C_2} \frac{dz}{(z^2+1)^2}$$
$$= \int_{-\infty}^\infty \frac{dx}{(x^2+1)^2} = 2\int_0^\infty \frac{dx}{(x^2+1)^2} = \frac{\pi}{2} \text{ より, } I = \frac{\pi}{4} \text{ となります.}$$

第 12 章

12-1

$$f(z) = \sum_{k=0}^\infty (-1)^k \left(1 - \frac{1}{2^{k+1}}\right)(z-1)^k$$
$$= \sum_{k=0}^\infty (-1)^k (z-1)^k - \sum_{k=0}^\infty (-1)^k \frac{1}{2^{k+1}} (z-1)^k$$
$$= \sum_{k=0}^\infty (1-z)^k - \frac{1}{2} \sum_{k=0}^\infty \left(\frac{1-z}{2}\right)^k \equiv f_1(z) - f_2(z) \text{ とします.}$$

$f_1(z)$ と $f_2(z)$ の解析接続を,それぞれ $g_1(z)$,$g_2(z)$ とおくと,
$$g_1(z) = \frac{1}{1-(1-z)} = \frac{1}{z}$$
$$g_2(z) = \frac{1}{2} \frac{1}{1-\frac{1-z}{2}} = \frac{1}{2-(1-z)} = \frac{1}{1+z}$$

となるので,$g_1(z) - g_2(z) = \dfrac{z+1-z}{z(z+1)} = \dfrac{1}{z(z+1)}$ が得られます.

あとがき

　本書で示してきた複素関数は，かの高名な高木貞治先生がその著書「解析概論」の中で，「驚嘆すべき朗らかさ」，「玲瓏たる世界」と表現された数学の一分野です．その単純で美しい定理が散りばめられた深遠な世界に分け入ったとき，より高い視点から俯瞰した新たな景色が見えてくることでしょう．

　私のような人間でも，複素関数に関する数式の構造やその成り立ちについて永らく想いをはせ，あれやこれやと妄想をめぐらしつつ，その本質に一歩でも近づくべく念じ続けていると，ある日突然それらの具体的なイメージが，頭の中で具体的な3次元空間のアニメーションとして動き出すことがあります．それらの数式の確固たる正しさ，単純な美しさが，あるリアリティをもって実感できる瞬間が確かに存在しました．

　ここでは，そのようなイメージをできうる限り率直な形で具体的な図面へと定着すべく，最大限の努力を払ったつもりです．

　本書により，複素関数に関する理解が少しでも深まれば幸いです．

　なお，ここで示したイメージ重視のアプローチ自体に違和感を感じたり，証明の展開等に物足りさを感じられた場合は，この後の参考文献に示す成書等を一読していただければと思います．

　最後に，複素関数の深遠な世界の一端を示す例として，**フラクタル画像**について，簡単に紹介したいと思います．

　このフラクタル画像とは，大小関係を伴う自己相似性を有する画像であり，代表的なものに**マンデルブロー集合**と**ジュリア集合**があります．これらは，1つの複素数の漸化式による無限級数により生成される双生児のような関係にあり，比較的単純なプログラムにより生成することが可能です．

　次の図に，ジュリア画像の一例を示します．

　これらを切っ掛けとして，複素数の世界に分け入り，探索と発見の醍醐味を味わってみてはいかがでしょうか？

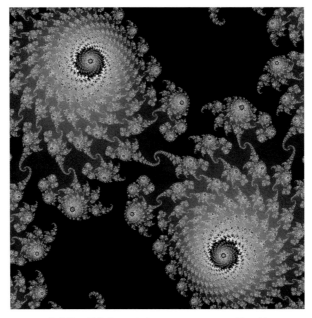

複素数の漸化式から生成されるフラクタル画像の例

参考文献

[1] 高木貞治: 解析概論（改定第三版）, 岩波書店 (1971)
[2] L. シュワルツ著, 吉田耕作, 渡辺二郎訳: 物理数学の方法, 岩波書店 (1966)
[3] 井澤裕司: ビジュアルでわかる信号処理入門, 技術評論社 (2023).
[4] 志賀浩二: 複素数 30 講, 朝倉書店 (1989).
[5] 高見穎郎: 複素関数の微積分", 講談社 (1987).
[6] 小野寺嘉孝: なっとくする複素関数, 講談社 (2000).
[7] 渡部隆一, 宮崎浩, 遠藤静男: 工科の数学　複素関数, 培風館 (1972).
[8] 犬井鉄郎, 石津武彦: 複素函数論, 東京大学出版会 (1966).
[9] 小暮陽三: なっとくするフーリエ変換, 講談社 (1999).

索引

Cauchy, 119
Caushy-Riemann, 43

d'Alembert, 79
de Moivre, 22

Euler, 11

Gauss, 2
Goursat, 128
Green, 119

Laplace, 63

Maclaurin, 84
Morera, 122

Riemann, 21, 30, 82

Taylor, 13, 84

一様収束, 76
1価関数, 178
一致の定理, 167, 169, 171, 172
円環領域, 130, 145
オイラーの公式, 11

開曲線, 97
開集合, 19
解析関数, 174
解析接続, 55, 91, 173, 180
回転, 65
外点, 19
開領域, 19
ガウス平面, 2
重ね合せの原理, 4
管状, 64
関数列, 75
完全流体, 64

逆行列, 155
境界, 19
境界点, 19
共役, 63
共役複素数, 2
行列式, 155
極, 48, 54, 178
極形式表示, 3
極限, 19
極限関数, 75
虚軸, 2
虚数単位, 1
虚部, 1
近傍, 18
グリーンの定理, 119
グルサの定理, 128
原始関数, 104, 107
交換法則, 5, 8
交代式, 138, 144
勾配, 66
項別微分, 83
コーシー核, 124
コーシーの積分公式, 124
コーシーの積分定理, 119
コーシー・リーマン方程式, 43
孤立特異点, 48, 55, 84, 159

指数関数, 11, 31
実軸, 2
実部, 1
写像, 23
収束, 75
収束円, 79
収束半径, 79, 84
主値, 3
ジュリア集合, 193
条件収束級数, 82
除去可能な特異点, 134
真性特異点, 49, 134
正規化, 143
整級数, 79
整式, 54
整数ベキ関数, 36
正則, 41, 48

索引

正則関数, 46, 63
正則性, 48
積分経路, 97
積分路, 101
絶対収束, 83
絶対値, 2
z 平面, 2
零点, 79, 171
速度ポテンシャル, 66

対称式, 144
対称性, 143
対数関数, 32
多価関数, 29, 40, 178
多重連結領域, 116
ダランベールの定理, 139
ダランベールの手法, 79
単一開曲線, 97
単一閉曲線, 97
単連結領域, 114–116
超越関数, 54
調和関数, 63
直接接続, 174
テイラー級数, 13, 84
テイラー展開, 13, 84–86
等角写像, 42
導関数, 55
等比級数, 80, 91
等ポテンシャル線, 66
特異点, 48, 174

内点, 19
流れの関数, 66
2 次元流, 63

掃き出し法, 155
8 元数, 18
発散, 64
バラ曲線, 38
微分可能, 41
微分値, 41
複素積分, 100
複素速度, 66
複素速度ポテンシャル, 66
複素平面, 2
部分分数, 145
フラクタル画像, 193
分岐点, 94, 178, 181
閉曲線, 97

平均値の定理, 127
ベキ関数, 40
ベキ級数, 79
ベクトル場, 64
ヘビサイドの展開定理, 147, 151, 155, 157, 158
偏角, 3

マクローリン級数, 84
マクローリン展開, 84
マンデルブロー集合, 193
無限遠点, 21
無限多価関数, 32, 33
モレラの定理, 122

有界閉領域, 76
有理関数, 54
余因子, 155

ラプラス変換, 182
ラプラス方程式, 63
リーマン面, 30
リーマン球面, 21
リーマンの定理, 82
リーマン面, 33
留数, 159
留数の定理, 161
流線, 66
領域, 19
連結, 19
連結領域, 116
連続, 20
連立方程式, 151
ローラン級数, 130
ローラン展開, 130, 137, 145
ローラン展開, 90, 130

●著者略歴

井澤 裕司 （いざわ ゆうじ）

1951年 愛知県生まれ．
1976年 東京大学工学部卒業．
1978年 東京大学大学院修士課程修了．
同年 ㈱日立製作所入社．
1993年 信州大学工学部講師．
1995年 信州大学工学部助教授．
その後，同学部准教授を経て2017年定年退職．

博士（工学），（東京大学）
著書
『ビジュアル論理回路入門』（プレアデス出版）
『ビジュアルでわかる 信号処理入門』（技術評論社）
『動かしてわかる CPUの作り方10講』（技術評論社）

改訂増補版
イメージでとらえる
ビジュアル 複素関数入門

2025年4月25日　第1版第1刷発行

著　者 ……　井澤　裕司
発行者 ……　麻畑　仁
発行所 ……　㈲プレアデス出版
　　　　〒399-8301　長野県安曇野市穂高有明7345-187
　　　　電話 0263-31-5023　FAX 0263-31-5024
　　　　http://www.pleiades-publishing.co.jp

装　丁 ……　松岡　徹
印刷所 ……　亜細亜印刷株式会社
製本所 ……　株式会社渋谷文泉閣

落丁・乱丁本はお取り替えいたします．
定価はカバーに表示してあります．
ISBN978-4-910612-16-4　C3041
Printed in Japan